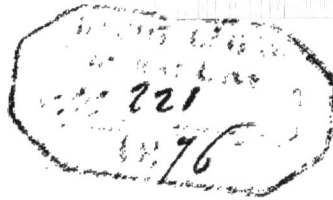

COMMENT

J'AI RETROUVÉ

LIVINGSTONE

AUTRES VOYAGES

Abrégés par J. Belin de Launay.

ÉDITIONS POPULAIRES A I FR. 25 LE VOLUME.

Format in-18 jésus.

Coulommiers. — Typog. ALBERT PONSOT et P. BRODARD.

H. STANLEY

COMMENT

J'AI RETROUVÉ

LIVINGSTONE

VOYAGE

ABRÉGÉ D'APRÈS LA TRADUCTION DE Mme H. LOREAU

PAR

J. BELIN-DE LAUNAY

Et accompagné d'une carte.

PARIS

LIBRAIRIE HACHETTE ET Cie

79, BOULEVARD SAINT-GERMAIN, 79

1876

Tous droits réservés.

INTRODUCTION

Il y a huit ans, dans notre introduction à l'abrégé intitulé *Explorations dans l'Afrique australe* par David et Charles Livingstone, nous écrivions : « Le sort de David Livingstone perdu au milieu de l'Afrique intéresse la terre entière.... Personne, mieux que lui, n'a mérité cet intérêt universel. Tous ceux qui ont lu ses livres l'avoueront. Ils savent quelle gratitude Livingstone montre pour les services reçus et l'indulgence avec laquelle l'illustre voyageur raconte les traits de la malveillance qu'on lui a témoignée. David est un excellent homme qu'on aime plus à mesure qu'on le connaît davantage. Combien il est loin de la morgue du prédicant ! Chez lui l'absence de la rogue intolérance de certains révérends méthodistes étonnerait, si l'on ne voyait bientôt qu'il n'a aucun esprit de secte... Grâce à la largeur même de ses opinions, il n'écarte aucun des hommes qu'ont attirés vers

*

lui les qualités de son cœur et les charmes de son esprit. »

Eh bien! voici M. Stanley qui prouve complétement, par son témoignage, l'exactitude de notre jugement sur Livingstone, et, par la mission même qu'il a remplie, la justesse de notre opinion, que le sort de cet homme intéressait la terre entière.

Effectivement, M. Henry Moreland Stanley est un Américain, un *reporter*, un de ces collaborateurs que les grands journaux envoient sur tous les points du globe chercher des informations qui puissent *intéresser* leurs lecteurs.

Au mois d'octobre 1869, la dernière lettre publiée en Europe de D. Livingstone était datée du 7 juillet 1868, écrite du lac Banguéolo. Tantôt on le disait mort, tantôt on le faisait revenir à Zanzibar, à Bombay ou à Souez. Le 8 octobre 1869, les journaux anglais publièrent sous la date de Falmouth, 7 oct., ce télégramme : « Un missionnaire arrivé hier ici de Zanzibar, apporte la nouvelle que le consul Kirk avait reçu des lettres de D. Livingstone datées du lac Tanguégnica. Livingstone était en bonne santé, mais tous ses compagnons européens l'avaient quitté à cause de l'extrême rareté des vivres ; il n'avait plus près de lui que quelques Arabes et ne vivait que de riz et de fruits. » Le renseignement fut démenti par un télégramme de même date envoyé de Londres, il assurait que « la nouvelle concernant la sécurité de Living-

stone et apportée par un missionnaire qui venait de
débarquer à Falmouth, n'avait aucune espèce de fon-
dement. » La succession de ces télégrammes montre
bien l'état d'anxiété dans lequel le public anglais
attendait des nouvelles du voyageur. Malgré les
termes du démenti, il était incontestable que M. et
Mme Lee, missionnaires, partis de Zanzibar au mois
de juin, étaient arrivés à Falmouth le 6 octobre; il
l'était également, comme ils le disaient, qu'un Arabe
avait rencontré Livingstone, environ quatorze mois
auparavant, à l'ouest du Tanguégnica ; bien plus,
M. Kirk, le 31 août 1869, avait reçu un billet daté
du 12 juin où il apprenait l'arrivée de Livingstone à
Djidji, et, le 10 septembre, il envoyait une lettre du
docteur datée le 13 mai, du même endroit.

Mais, jusqu'à la fin de novembre, avant l'arrivée de
ce document, l'Angleterre et même tout le monde
conservaient leur inquiétude au sujet du sort de l'illustre voyageur.

C'est alors que, le 16 octobre, M. Stanley reçut à
Madrid, par le télégraphe, l'ordre de se rendre immédiatement à Paris. M. G. Bennett, fils d'un directeur
du *New-York Herald*, journal américain, lui or-
donnait d'aller à la recherche de Livingstone, et,
chemin faisant, d'assister à l'inauguration du canal de
Souez; et de voir les préparatifs de sir Samuel White
Baker, investi depuis le 1er avril du titre de pacha
avec un pouvoir absolu pour faire une expédition

sur le Haut Nil. Ensuite, il devait rédiger un guide pratique à l'usage des voyageurs sur ce fleuve, examiner les découvertes du capitaine Warren à Jérusalem, se rendre compte à Constantinople du différend survenu entre le Sultan et le Khédive, visiter les champs de bataille de la Crimée, examiner l'expédition préparée contre Khiva par les Russes, décrire Persépolis et s'embarquer enfin à Bombay pour Zanzibar à la recherche de Livingstone.

Lorsqu'il eut exécuté son programme, M. Stanley, le 6 janvier 1871, arrivait à Zanzibar. Depuis près d'une année déjà, on avait alors, pour la seconde fois, répandu en Europe la fausse nouvelle de la mort de Livingstone.

Pendant les quinze mois que M. Stanley venait d'employer à se rendre de Madrid à Zanzibar, Baker avait eu à lutter pour son expédition contre les obstacles présentés par la traversée du désert, par la malveillance des fonctionnaires égyptiens et par les digues herbeuses du Nil Blanc, de la rivière des Girafes et du fleuve des Montagnes ; car il n'atteignit Gondocoro que le 15 avril 1871.

A cette date, Stanley, débarqué le 5 février à Bagamoyo, entrait dans la vallée de l'Ougérengéri en route vers Djidji, où, malgré la guerre entre les Arabes et Mirambo, il allait retrouver Livingstone le 10 novembre.

Quant à celui-ci, le 1er janvier de cette même année, encore détenu à Bambarré, il s'était écrié, avec la foi ardente qui le soutenait : « O Père ! aide-moi à finir mon œuvre en ton honneur ! » Le 20 juillet, après avoir assisté malgré lui aux horribles violences commises sur des populations paisibles par les infâmes Arabes, marchands d'esclaves, il s'était remis péniblement en route pour Djidji, où, comme guidé par la Providence, il était parvenu cinq jours avant Stanley. Celui-ci, en lui apportant les moyens de vivre, renouvelait les forces et les espérances de Livingstone.

Les dates relatives à cette rencontre célèbre diffèrent dans le récit de Stanley et dans le *dernier journal* laissé par Livingstone. Le docteur place son retour à Djidji le 23 octobre et l'arrivée de son sauveur le 28 ; tandis que Stanley indique la rencontre au 10 novembre. Cette différence de douze à treize jours ne peut s'expliquer que par des erreurs qui se seront introduites dans un des journaux des voyageurs ; mais, comme Stanley était récemment parti de Zanzibar tandis que Livingstone avait erré plusieurs années, perdu au milieu de l'Afrique, sans communication avec les Européens ; l'erreur semble vraisemblablement avoir dû se glisser plus aisément dans le compte que celui-ci tenait de ses journées. Quoi qu'il en soit, la différence est de médiocre importance.

Il en est bien autrement de la véracité du récit rapporté par Stanley.

Nous avons retranché de notre abrégé tout ce qui

est relatif aux discussions inqualifiables et aux accu-
sations de mensonge et de charlatanisme qui éclea-
tèrent à l'arrivée de M. Stanley en Europe ; mais
nous en emprunterons la mention, à la fin de son livre,
pour la reproduire ici.

M. Stanley, débarqué à Marseille le 23 juillet 1872,
y retrouvait son confrère M. Hosmer, correspondant
comme lui du *New-York Herald* : quelques jours
après, il dînait avec M. Thiers à l'hôtel de la prési-
dence de la République Française, et, le 1er août, la
colonie américaine fêtait son retour à Paris par un
banquet qu'elle lui donnait à l'hôtel Chatham.

Les journaux du temps disent : « M. Stanley est encore jeune ; il a tout au plus trente ans. Ses cheveux
blonds sont devenus gris pendant son expédition par
suite de la température à laquelle il a été soumis et
des accès de fièvre répétés dont il a souffert. »

Ailleurs, nous lisons : « Parmi les convives de
M. Thiers, on remarquait et l'on montrait, non sans
curiosité, un personnage au teint brûlé par le soleil
et portant la barbe en éventail, chère aux Yankis. Ce
convive aux allures exotiques était M. Henry Stanley,
le *reporter* fameux du journal américain le *New-
York Herald.* »

Ainsi M. Stanley avait été honorablement accueilli
en France ; mais la réception qu'on lui fit en Angleterre fut différente.

« Je ne suis pas étonné des erreurs de la presse,

ni des contestations qu'elles ont provoquées, écrit M. Stanley à la fin de son volume (p. 549 et suiv.); ce qui me surprend, c'est de voir les journalistes anglais jaloux de ce qu'il a été donné à un *reporter* américain de retrouver Livingstone. Presque tous ont exprimé leur opinion à cet égard en termes non équivoques; bien qu'en même temps les principaux et les plus honorables d'entre eux ne m'aient pas épargné les éloges : qu'on voie le *Times*, le *Daily News*, le *Daily Telegraph*, le *Morning Post*.

« Je vous remercie, messieurs, de ces compliments que vous avez adressés à un jeune homme qui, selon moi, n'a rien de remarquable. Mais franchement, permettez-moi de vous le dire, votre jalousie n'est pas fondée. Je ne suis qu'un *special correspondent*, à la disposition du journal que j'ai l'honneur de servir, contraint par mon engagement à partir pour n'importe quel point du globe où il m'est enjoint de me rendre. Je n'ai pas sollicité l'honneur de chercher Livingstone, j'en ai reçu l'ordre. Il me fallait obéir ou résilier mon engagement; j'ai préféré l'obéissance.

« Cependant, comment m'avez-vous traité pour avoir fait ce qu'à ma place vous auriez fait vous-mêmes ? Mon voyage a été mis en doute, mon récit contesté; les lettres que j'apportais à l'appui furent taxées de faux; mes publications raillées. Bafoué par les uns, malmené par les autres, je me suis vu assailli de grondements, comme si j'avais fait un crime.

« Ah ! que Livingstone se doutait peu que son humble ami recevrait un pareil accueil ! Qu'il était loin d'imaginer que mes efforts, tentés et soutenus de bonne foi, sans conscience de la malice ou de l'envie qu'ils pouvaient susciter, me vaudraient de pareilles attaques !...

« Sans votre aide, sans votre conseil, on est allé à la recherche du grand explorateur, on l'a retrouvé, et on vous a dit : « Livingstone est vivant, rien ne lui manque, et il se dispose à poursuivre ses découvertes avec plus de vigueur que jamais. »

« Quelle a été votre réponse ? « Il est un point sur lequel un peu d'éclaircissement serait nécessaire. On paraît croire en général que M. Stanley a trouvé et secouru Livingstone, tandis que, sans vouloir méconnaître l'énergie et la loyauté de M. Stanley, s'il y a eu découverte et. assistance, c'est Livingstone qui a trouvé et secouru M. Stanley, car celui-ci était à peu près dans la misère, et le docteur abondamment pourvu. Il convient de rétablir la position respective des deux parties. Nous avons le ferme espoir que l'expédition envoyée par la Société au secours de Livingstone et de M. Stanley, permettra à ces deux voyageurs de continuer leurs recherches..... »

« Puis-je vous demander, messieurs, pourquoi, si Livingstone était dans l'abondance, vous lui avez envoyé des secours ? Lorsque j'arrivai à Londres, vous aviez depuis huit jours les lettres du docteur. Qu'avez-vous fait alors? L'ami *Punch* va nous le dire : « Le président de la Société royale de Géographie, qui a découvert que Livingstone avait découvert Stanley, a fini par découvrir que Stanley était en Angleterre. Cette heureuse découverte paraît avoir exigé de longs efforts, car il y avait une semaine que M. Stanley était arrivé, lorsqu'il apprit l'importante découverte dont il était l'objet. »

En même temps, le *Standard* avait remarqué que les lettres attribuées à Livingstone étaient dans un style plus américain qu'anglais. Les géographes se joignaient aux journalistes pour attaquer la sincérité des récits de Stanley. Non-seulement le célèbre Rawlinson exprimait des doutes; mais encore un non moins célèbre Allemand, M. Kiepert, affirmait que « M. Stanley ayant dû inventer une partie de son récit, le reste était sans valeur aucune, et qu'il n'était pas impossible absolument que M. Stanley n'eût jamais vu Livingstone. »

Il ne suffisait donc pas que Livingstone, en le quittant, lui eût dit : « Vous avez accompli ce que peu d'hommes auraient fait, et beaucoup mieux que certains grands voyageurs. » C'était M. Stanley qui répétait ce témoignage, comme c'était lui qui avait apporté en Europe les lettres dont l'authenticité était mise en doute. Il fallait qu'il obtînt des certificats de véracité. Il les eut. Le 3 août 1872, les journaux anglais publièrent les lettres suivantes dont la traduction fut reproduite par les feuilles françaises. La première est du fils aîné de D. Livingstone.

« Londres, le 2 août.

« M. Henry Stanley m'a remis aujourd'hui le jour-
« nal du docteur Livingstone, mon père, scellé et signé
« par lui, avec des instructions écrites extérieurement,
« signées par mon père. Pour tous les soins qu'il y a
« apportés et pour tout ce qu'il a fait concernant mon
« père, nos meilleurs remerciements lui sont dus.
« Nous n'avons pas la moindre raison de douter que
« ce ne soit là le journal de mon père, et je certifie
« que les lettres apportées ici par M. Stanley sont des
« lettres de mon père et non d'autre.

« TOM. D. LIVINGSTONE. »

La seconde est de lord Granville, ministre des affaires extérieures.

« Le 2 août 1872.

« Je n'ai pas appris, avant que vous me l'eussiez
« fait connaître, qu'il existât aucun doute sur l'au-
« thenticité des dépêches du docteur Livingstone,
« que vous avez communiquées à lord Lyons, le
« 31 juillet. Mais, en conséquence de votre commu-
« nication, j'ai fait sur cette affaire une enquête, d'où
« il résulte que M. Hammond, sous-secrétaire d'État

« au *Foreign office*, et M. Wylde, chef du département
« des consulats et de la traite des esclaves, n'ont pas
« le moindre doute sur l'authenticité des documents
« reçus par lord Lyons et qui ont été livrés à l'im-
« pression. Je ne veux pas laisser échapper cette oc-
« casion de vous témoigner mon admiration pour les
« qualités qui vous ont permis de venir à bout de
« votre mission et d'obtenir un résultat qui a été salué
« avec un si grand enthousiasme aux États-Unis et
« dans ce pays.

 « Je suis, monsieur, etc.

« GRANVILLE. »

A ces certificats, est venu plus tard s'ajouter celui
que l'illustre explorateur a, pour ainsi dire du fond
même de sa tombe, donné à son jeune ami par la pu-
blication posthume de son *journal*. On y trouve que
pas un mot de Stanley « malgré la joie du succès,
malgré la verve et l'enthousiasme de la jeunesse, »
n'est contredit par Livingstone; au point que le récit
de celui-ci semble être le résumé du récit publié par
le journaliste américain.

Lorsqu'il eut fait embarquer la caravane qu'il envoyait au docteur, M. Stanley écrivit (notre page 227):
« Je me trouvais alors comme isolé. Ces compagnons
« de route, ces noirs amis qui avaient partagé mes pé-
« rils, s'éloignaient, me laissant derrière eux. De
« leurs figures affectueuses, en reverrais-je jamais

« aucune? » Ce sentiment est si naturel qu'on l'é-
prouve et qu'on l'exprime souvent quand on quitte
des personnes avec lesquelles on a vécu plusieurs années d'une vie commune. N'est-il pas une preuve
que la nature humaine est meilleure, en somme,
qu'on ne se plaît à le reconnaître? D'ailleurs l'impro-
bable et l'imprévu se rencontrent moins rarement
dans la vie qu'on ne le pense. M. Stanley, sans qu'il
s'en doutât alors, était destiné à reprendre, pour le
compte de deux journaux, le *Herald* de New-York et
le *Daily Telegraph* de Londres, la route de l'Afrique,
afin d'y continuer les entreprises de ses devanciers,
Grant, Speke, Burton et surtout Livingstone. Il est
reparti de Londres au mois d'août 1874 et, en novembre suivant, il a recruté tous les anciens *fidèles*
qu'il a pu retrouver à Zanzibar, pour recommencer
avec eux une laborieuse existence, pleine d'aventures,
de fatigues et de périls.

Enfin, dans une lettre de M. Stanley, publiée le
15 octobre 1875 par le *Daily Telegraph*, nous trouvons des nouvelles de ce brigand de Mirambo, qui
occupe une place importante dans le voyage dont nous
publions aujourd'hui l'abrégé. On se rappelle que,
le 31 janvier 1872, à Mouéra, M. Stanley et D. Livingstone, venant de Djidji, rencontrèrent un esclave
de Séid ben Habib. « Ah! Mirambo! leur disait celui-
« ci. Où en est-il à présent? Réduit à manger le cuir
« de la bête : on le tient par la famine. Séid ben Habib

« s'est emparé de Kirira. Les Arabes font leur tonnerre
« aux portes de Vouillancourou. Séid ben Medjid,
« qui est arrivé de Djidji à Sagozi en vingt jours, a
« tué le roi Moto. Simba, de Caséra, a pris les armes
« pour défendre son père, Mkésihoua, du Gnagnembé.
« Le chef du Gounda a fait de même, avec cinq cents
« hommes. Aough ! Mirambo ! Où en est-il ! Dans
« un mois, il sera mort de faim. » (n. p. 182 et suiv.)
Certes, voilà bien une nouvelle preuve qu'on ne doit
jamais vendre la peau d'un ours qu'on n'a pas abattu.
En effet, trois ans après, vers la fin de janvier 1875,
Stanley, en entrant dans l'Iramba, se trouvait dans
un pays où, à l'apparition d'étrangers, les naturels
s'écriaient : « C'est Mirambo, avec ses brigands, qui
arrive ! » Et il ajoute : « En dépit de tous les sorti-
« léges employés contre lui, Mirambo vit encore.
« Dans le nord du pays de Gogo, on annonçait son
« approche ; les habitants de Kimbou tremblaient à
« son nom ; ceux du Gnagnembé continuaient de le
« combattre ; dans l'Iramba, on l'avait combattu et
« l'on attendait son retour ; plus tard, près du gnanza
« Victoria, il se battait contre les naturels, à peine à
« une journée de marche de nous, et la renommée de
« notre couleur seule nous a préservés d'être pris pour
« ses partisans. » Que les brigands ont donc la vie
dure !

Notre introduction à l'abrégé du premier voyage
de Stanley en Afrique finit ici en réalité. Ce qui suit

est une explication concernant l'orthographe de noms propres qu'on y lira : elle diffère de celle qu'on leur a donnée, soit dans l'édition complète soit dans d'autres publications. Le lecteur qu'une telle explication n'intéresse pas peut s'abstenir de la parcourir : elle n'offre aucun attrait à la curiosité ; ce n'est qu'une espèce d'examen de conscience scientifique.

L'auteur ou l'éditeur (dans le sens anglais du mot), comme on voudra le déterminer, l'auteur ou l'éditeur de ces abrégés n'a été amené que progressivement, par l'application logique de certains principes, à l'adoption d'un système orthographique. En 1865, lorsqu'il traduisait le *Voyage de l'Atlantique au Pacifique* par lord Milton et le Dr Cheadle, il disait : « Si l'idiome des habitants d'un pays n'a pas d'ortho-« graphe européenne, les sons des noms propres, « exprimés dans une de nos langues, doivent, pour « être vraiment représentés, être rétablis suivant « l'orthographe de celle de la traduction. » Deux ans plus tard, frappé de la confusion causée dans l'esprit du lecteur par les préfixes qu'ajoutaient les hommes de Zanzibar aux noms topiques, ethniques ou hiérarchiques, dans les terres situées entre l'Océan Indien et le lac Victoria, il se décidait pour rendre plus clairs les récits de Speke, à supprimer ces préfixes. Deux ans après, en s'occupant du voyage de Palgrave, il rappelait la nécessité « de ramener, autant que « possible et sans espérer y réussir toujours, l'ortho-

« graphe des noms propres à celle que leur auraient
« donnée des Français, ou du moins à une ortho-
« graphe que nous puissions prononcer. » De cela
résultait ensuite que, faisant attention à l'absence
en anglais des *l* mouillés et du son doux de notre *gn*,
il se résolvait à écrire *Tanguégnica*, au lieu de
Tanganyika, dans l'abrégé des voyages du capitaine
Burton. Son système orthographique des noms propres
se trouva dès lors à peu près complet; mais, quand il
tenta de l'appliquer logiquement à l'ensemble d'une
carte d'Afrique, notre géographe fut pris d'une espèce
d'épouvante en voyant les changements nombreux
qui en étaient la conséquence, en se trouvant isolé
dans son système, et en réfléchissant que le peu qu'il
est et qu'il vaut dans la science ne l'investissait en
aucune façon d'une autorité suffisante pour essayer, et
moins encore pour faire adopter, une réforme si complète. Néanmoins le temps d'y réfléchir était passé,
le coup avait été porté d'instinct pour ainsi dire, par
une déduction logique ; c'était un acte accompli, désormais ineffaçable. L'auteur ne pouvait plus reculer
dans une voie qu'il trouvait être la bonne ; il n'avait
plus qu'à s'armer de courage en acceptant la position
telle qu'elle s'était produite et en s'efforçant de la faire
adopter par les savants en ces matières.

Nous allons donc nous occuper un peu plus à fond
de toutes ces difficultés.

Du reste, dans cette ligne, on ne peut pas, quant à

la théorie, être aussi isolé qu'on le pensait d'abord. On doit s'y rencontrer avec quelqu'un. Voici d'abord, en effet, un extrait de l'*Explorateur* (10 février 1876, n° 54) où un correspondant, dont la signature n'est pas donnée, s'exprime en ces termes : « L'ortho-« graphe des noms et des mots étrangers (j'entends « ceux des peuples qui ne se servent pas de nos lettres « latines) est une difficulté sérieuse en géographie « comme en philologie. Je vois avec plaisir que vous « semblez vous en préoccuper, ou, du moins, que l'on « fait des progrès sous ce rapport en France. Les « noms venant de l'Algérie sont mieux orthographiés « qu'on ne le faisait autrefois, et c'est avec raison que « vous écrivez *Achantis*, au lieu de l'orthographe « anglaise (*Ashantees*) qu'on a vue si souvent dans « les journaux. Permettez-moi, pourtant, de vous dire « que c'est à tort que vous regardez presque toujours « l'*y* initial comme une voyelle. Cette lettre repré-« sente une véritable consonne (le *j* des Allemands, l'*y* « initial des Anglais); il ne faut donc pas écrire « *l'Yunnan*, mais bien *le Yunnan*, comme on dit *le* « *yacht*... » Ajoutons à cela un passage d'un excel-lent article publié, dans la *Revue des deux Mondes* du 1er sept. 1875, par M. Alf. Maury, sous ce titre *l'Invention de l'Ecriture*. On y lit à la page 158 : « Grande est la difficulté qu'offre le problème de l'a-« doption d'un même système de transcription pour « rendre les mots appartenant aux langues orientales.

« Chaque peuple, presque chaque auteur, a pris l'ha-
« bitude de représenter à sa guise et selon l'ortho-
« graphe de sa langue, les sons qui traduisent tel ou
« tel mot de ces idiomes, de représenter telle lettre de
« l'alphabet arabe ou tibétain, tel son chinois ou ja-
« ponais par une lettre ou un assemblage de lettres [1].
« Il règne à cet égard une singulière confusion qui a
« pour effet de dénaturer les noms orientaux lorsque
« ceux-ci passent d'une population européenne à une
« autre. C'est ce qui arrive notamment pour tous ces
« noms géographiques que nous fournissent les Anglais
« et les Anglo-Américains, qu'ils apportent de l'Inde
« ou du Far-West, sous le déguisement de leur propre
« prononciation ; nous adoptons leur orthographe et
« nous nous faisons alors souvent, de ce que ces mots
« sont réellement, la plus fausse idée. » La première
partie de cette citation traite d'un sujet trop élevé
pour nous. Le problème de la transcription des noms
suivant un système unique, qui a si fort préoccupé

1. Les peuples chinois et japonais, maintenant qu'ils sont
forcés de tenir compte de l'Europe, probablement beaucoup
plus qu'ils ne le voudraient, éprouvent, pour rendre nos noms
propres, la même difficulté que nous avons pour exprimer les
leurs. En parlant d'une histoire de la dernière guerre franco-
allemande, récemment publiée par deux Chinois, les journaux
anglais de ce mois d'avril disent que Pên-ni-tê-ti signifie Bene-
detti ; Sze-tan, Sedan, et Mak-ma-han, Mac-Mahon. Ces noms
sont vraiment bien moins défigurés sous la forme que leur
donne l'orthographe d'une langue monosyllabique que ne doivent l'être les noms chinois transmis à l'Europe par l'intermé-
diaire des Anglais.

**

de Brosses et Volney, et dont la solution paraît aban-
donnée même par l'Académie des inscriptions et belles-
lettres, n'est pas de notre compétence. Nous ne visons
pas si haut. Mais la seconde partie rentre tout-à-fait
dans notre sujet et exprime parfaitement la même
pensée que nous. « Les Anglais et les Anglo-Américains nous transmettent les noms géographiques sous
le *déguisement* de leur propre prononciation ; nous
adoptons leur orthographe et nous nous faisons alors
souvent de ce que ces mots sont réellement *la plus
fausse idée.* » C'est bien cela. Décidément nous
sommes moins isolé que nous ne le craignions.

Tout bien considéré, le problème qui nous occupe,
même réduit aux proportions que nous lui assignons,
est fort complexe. Il ne s'agit pourtant que de représenter les noms propres comme les prononcent les
peuples qui ne se servent pas de l'alphabet latin, et
conséquemment de retrouver, sous le déguisement
que leur donne l'orthographe des autres langues euro-
péennes, et principalement l'orthographe anglaise,
qui est celle de la plupart des voyages dont nous
avons abrégé le récit, la prononciation qu'auraient
ces mots écrits par des Français.

Mais plusieurs circonstances contribuent à com-
pliquer davantage ce problème et nous devons en
parler avant tout.

Par exemple, il serait extrêmement désirable qu'on
donnât aux lieux ou aux personnes les noms qu'ils

portent dans la langue du pays auquel ils appartiennent. Mais, si on commence à le faire souvent à
l'étranger, nous sommes toujours assez arriérés en
France à cet égard. Sans rappeler la fâcheuse confusion apportée dans les noms des antiques divinités et
des personnages historiques par la transmission que
nous en ont faite les Grecs et surtout les Romains,
dont nous avons accepté sans contrôle la nomencla-
ture dans l'usage vulgaire, et en nous bornant ici
aux noms géographiques, il paraît certain que, si,
dans nos écoles militaires et savantes, nous commen-
çons à employer les noms étrangers, l'usage pré-
vaudra longtemps encore, parmi les gens du monde,
de se servir des noms français, non-seulement pour
les lieux qui sont appelés de deux façons comme So-
lothurn-Soleure, Trier-Trèves, et Stuhlweissenburg-
Albe Royale; mais même pour ceux qui appartiennent à des pays d'une seule langue. Ainsi nous dirons
longtemps encore Forêt-Noire au lieu de Schwarzwald,
Danube au lieu de Donau, Munich et non Mun-
chen, Tamise pour Thames, Londres pour London;
et il est fort douteux que nous appelions jamais
Damas Cham et Jérusalem Kods.

Une autre difficulté géographique, indépendante
aussi de la prononciation et de l'orthographe, c'est que,
lorsque des accidents topiques sont de nature à s'é-
tendre en longueur, comme les chaînes des montagnes
et surtout les cours d'eau, ils sont exposés à porter des

noms différents, soit selon les individus ou les peuplades auxquels ils appartiennent; soit d'après les
idiomes parlés le long de leur parcours, soit même
par suite d'usages dont l'origine est inconnue. En
Europe même, bien des fleuves ont pour sources des
rivières : la Gironde est formée par la Garonne et la
Dordogne, comme le Weser l'est par la Fulda et la
Werra. Le Humber nous offre de ce phénomène un
exemple frappant : quand l'Ure a reçu à gauche la
Swale et à droite la Nidd, on l'appelle l'Ouse, qui
passe à York; et lorsque l'Ouse a reçu à droite la
Wharfe, à gauche la Derwent, à droite l'Aire, la Don
et la Trent, elle prend le nom de Hull et plus ordinairement celui de 'Humber. Pour l'Afrique, Barth a
cherché à établir (t. III, p. 266), par une douzaine
d'exemples, que, dans le centre du Soudan, on n'emploie pour désigner une rivière que les mots signifiant *eau* et *fleuve*. Or une note de la page 128 du
Bulletin de la Société française de Géographie,
août 1873, paraît lui donner raison, pour le fleuve
Kingani. Ce mot signifie *embouchure;* en remontant,
le cours d'eau s'appelle, à Bagamoyo, Abso; dans le
Cami, Mbési; dans le Zaramo, Barifou, et, suivant
les différents dialectes, ces trois mots ont pour unique
signification celle de *fleuve*. Mais plus haut, ainsi que
M. Stanley nous l'apprend, ce cours d'eau est nommé
Hamdallâ et enfin Roufou, mots dont le sens est in-
connu pour nous. De même, le Vouami, en remontant,

porte successivement, d'après le même voyageur, les noms de Roudehoua, Macata et Moucondocoua.

Quant à ce qui devrait être particulier à un lieu ou sédentaire par nature, et ce qui l'est ordinairement, comme les bourgs, les stations ou zéribas et les villes, il arrive, du moins en Afrique, que c'est momentané ou changeant de place. Bâtiments, construits en matériaux peu solides, bois, écorces, pétioles de palmier, vannerie de rotin, ils tiennent là plus du campement que de la ville. Minés par des légions d'êtres rongeurs, grouillants, destructeurs et rampants, ils tombent en ruines, et, quand ils ne sont pas incendiés, sont du moins abandonnés pour des bâtiments neufs, faciles et peu chers à construire. Ces assemblages de huttes ne durent guères plus d'une dizaine d'années dans le même endroit. S'ils ont conservé le nom, ils ont du moins changé de place; mais ordinairement ils s'appellent autrement, parce que leur chef est différent. Lechoulatébé, Mosilicatsi et Séchéké ont ainsi donné leur nom à leur capitale. Cependant les localités sont aussi désignées d'après certaines circonstances physiques ou politiques, et c'est alors d'elles que leurs seigneurs et maîtres reçoivent un nom au lieu de leur donner le leur. Ainsi Kisabengo, ayant fondé la cité Lion (Simbamouenni), a quitté le sien pour celui de sa ville. Puis, d'autres portent plusieurs noms comme Cazê-Tabora ou comme les villages de la Suisse allemande (v. la p. 6o de ce livre) qui jouissent d'une appellation différente suivant chaque personne à laquelle on demande comment ils se nomment.

Les peuples eux-mêmes sont différemment appelés par les populations limitrophes. Schweinfurth en donne un curieux exemple. Ceux que les Dincas nomment Niams-Niams s'appellent eux-mêmes Zandès; mais, pour les Bongos, ils sont des Moundos ou Manianias; pour les Diours, des O-Madiâcas; pour les Mittous, des Maccaraccâs ou des Caccaracâs; pour les Golos, des Coundas, et pour les Mombouttous, des Babounghéras. (*Au Cœur de l'Afrique*, t. II, p. 2 et 3. Ed. Hachette.)

Si embarrassantes qu'elles soient pour le géographe, les difficultés que nous venons d'exposer résultent de la différence, de la multiplicité et de la variabilité des noms portés par un même cours d'eau, par une seule localité ou par un même peuple; arrivons à celles qui résultent des différences de prononciation d'un seul et même nom.

D'après Schweinfurth (*Au Cœur de l'Afrique*, t. II. Ed. Hachette, p. 138 et s.), les Nubiens de Khartoum n'ont pas la faculté de retenir les noms indigènes; ils les estropient d'une façon si complète, quels qu'ils soient, que leurs renseignements en perdent à peu près toute valeur géographique. De leur côté, les Arabes de Zanzibar font subir de nombreuses altérations aux noms du pays; par exemple, ils appellent Cousouri un village que les habitants nomment Counsouli; Roussizi et Rouannda le cours d'eau et le pays qui, pour Livingstone, dont les compagnons ne sont pas Arabes, sont le Loussizé et le Louannda (*Dernier journal*, t. II. Ed. Hachette p. 189).

Quant aux Africains, qui, au contraire des Arabes, préfèrent la lettre *l* à la lettre *r*, jusqu'à l'employer, suivant Burton, par goût, au commencement et au milieu des mots, ils modifient, ajoute ce savant voyageur, les noms arabes. « Leurs organes ne supportent pas qu'un mot finisse par une consonne ; il leur faut une voyelle finale à tous les noms et l'accent sur la pénultième. C'est ainsi que d'Aboubekr, ils ont fait *Békhari*; de Khamis, *Kamisi*; d'Usman, *Tani*; de Nasib, *Chibou*. »

Nous parvenons enfin à l'idiome kisouahili, c'est-à-dire à celui qu'on parle sur la côte du Zanguebar. Ici, d'après une indication de Stanley, que nous reproduisons dans le dernier chapitre du présent abrégé, et où l'auteur discute la signification du mot Ounyamouezi, « *ou* signifie pays, terre, *nya* est la préposition de, *mouezi* veut dire lune; » mais, en traduisant *ounyamouezi* par « terre de la lune, » Krapf, Rebman, Speke et Burton lui paraissent avoir expliqué un mot de la langue parlée dans le bassin du Tanguégnica par celle qu'on emploie sur le littoral de l'Océan indien; et Stanley affirme que Mouezi est le nom d'un illustre souverain décédé, qui serait demeuré à une partie de l'empire fondé par lui et démembré après sa mort. Ounyamouezi, d'après cela, signifie le Pays de Mouezi, dont un habitant est désigné *m*nyamouezi, et plusieurs ou tous, *voua*nyamouezi, les *enfants* de Mouezi ; ce qui rappellerait le sens des noms de nos tribus algériennes commençant par le substantif *beni*, et les terminaisons grecques comme pélo*pides*, héra*clides*, etc.

Stanley pense donc qu'on peut se tromper en expliquant le sens des noms topiques de l'intérieur par l'idiome du littoral. Dans celui-ci, comme il le disait tout à l'heure, avant un mot, on met *m* pour désigner l'unité, *voua* pour la pluralité [1], *ou* pour le pays, *ki* afin de lui donner la force d'un adjectif qualificatif. Speke avait si bien emprunté cette habitude à ceux qui l'entouraient qu'il appelle Vouanyaberi, les hommes de Béri, ceux sur le territoire desquels s'élève Gondocoro aujourd'hui Ismaïlia, et qui sont nommés par Baker les Bari (lisez Béri). Du reste le livre de Speke et celui de Burton, comme ceux de tous les voyageurs qui sont partis de Zanzibar pour pénétrer en Afrique, offrent une lecture difficile malgré le talent des narrateurs, et cette difficulté a pour cause les préfixes toujours semblables, dont tous les mots topiques, ethniques et hiérarchiques sont précédés. Les premiers presque invariablement commencent par *ou*. Les autres, selon le nombre singulier ou pluriel, commencent par *m* et *mou*

---

1. C'est ainsi que, dans la Cochinchine, le pluriel se forme en plaçant *fo* devant le substantif.

ou par *voua* : *m*nyamouezi, un mouézien, *voua*nyamouezi, des mouéziens ; *ou*gogo, pays de Gogo ; *m*gogo,
un habitant ; *voua*gogo, des habitants du Gogo ; *mou*-
soungou, un blanc ; *voua*soungo, des blancs, etc.
Les engagés, sont des *voua*nguana ; les conseillers
ou barbes grises, des *voua*nyapara ; les commandants
et les courtisans, des *voua*kungou ; les enfants du roi,
des *voua*hinda ou *voua*naouani ; les hôtes du roi, des
*voua*geni ; les tambours royaux, des *voua*nangalavi ;
et les gardes du corps, des *voua*nangalali. « En sorte
que, écrivais-je dans mon introduction pour l'abrégé
du voyage de Speke (*Les Sources du Nil*), à chercher
le sens de tous ces mots commençant de même, on perd
celui des phrases. Aussi, comme nous ne sommes pas
sur le littoral (*ou*souahili), un indigène (*m*souahili),
parlant aux autres indigènes (*voua*souahili), la langue
du pays (*ki*souahili) ; mais un Français qui veut être
compris de ses compatriotes, nous jugeons à propos de
ne pas nous servir de l'idiome du Zanguebar. » Et
nous avons pris dès lors le parti de retrancher tous
ces préfixes en les traduisant ou les remplaçant par
des désinences françaises, quand nous l'avons cru possible. Pareille difficulté se présente nécessairement à
quiconque veut rendre dans une langue à flexion les
substantifs d'une langue dont les mots sont formés
par juxtaposition de racines et de syllabes formatrices
et ceux d'une langue monosyllabique.

Cependant nous avons eu quelques scrupules et particulièrement pour le nom d'Oujiji, que nous avons cru devoir logiquement rendre par Pays de Djidji. Nous nous trouvions là en présence d'un nom devenu pour ainsi dire classique. Le changer, lorsque nous éprouvions le sentiment que Stanley exprime avec tant de justesse en disant « l'endroit qu'un homme de bien a foulé de ses pas reste à jamais consacré », nous était pénible. Mais, d'une part, nous avions fait la modification avant l'arrivée de D. Livingstone à Ujiji et, d'autre part, ce nom n'est pas, si l'on s'en rapporte à Baker, prononcé par les indigènes comme les voyageurs européens l'ont écrit. En effet dans *Ismaïlia* (Ed. Hachette, p. 381), le pacha sir Samuel White Baker déclare que les ambassadeurs du roi Mtésé prononcent Ouyéyé et non pas Oudjidji. D'où il résulte, après tout, que ce nom n'est pas encore si définitivement établi qu'on n'ait plus le droit d'y toucher. Et nos scrupules sur cet endroit s'en sont trouvés diminués d'autant.

L'avantage qu'offre l'orthographe arabe, c'est que, du moins, les noms topiques et ethniques y sont fixés par l'écriture. Cette considération a suffi, paraît-il, à la Société royale de Géographie de Londres pour qu'elle se décidât à décréter qu'elle adoptait les noms de lieux et de peuples tels qu'ils étaient écrits par les Arabes. Que cette décision n'ait pas de fort graves inconvénients, par exemple de nous exposer à recevoir des noms défigurés par des gens qui ne peuvent pas

les prononcer et d'apporter une intolérable confusion
dans les récits par l'emploi de préfixes toujours inva-
riables, c'est ce dont tout ce qui précède prouve que
nous ne sommes pas convaincu. Nous le sommes si
peu même que nous demeurons aussi résolu que jamais
à n'y pas obéir dans l'avenir et à continuer à recher-
cher, à travers les mots écrits sous la dictée des Zanzibariens comme sous celle des Khartoumiens, les vrais
noms des pays et des peuplades.

D'ailleurs ces noms déjà défigurés par les Arabes,
nous ne les rencontrons que *déguisés* sous la forme
dont les affuble à notre avis l'orthographe anglaise plus
que celle d'aucun autre peuple européen. En réalité
c'est ici la partie la plus difficile de notre tâche à ce
point de vue.

Effectivement, si nous prenons l'allemand pour
point de comparaison, nous trouvons que, d'une part,
si cette langue a des lettres ou des groupes de lettres
dont le son n'existe pas en français, cependant la valeur des voyelles, des consonnes ou des groupes de
lettres y a une remarquable certitude. Nous pouvons
les mal prononcer, mais nous ne doutons guère de la
façon dont ces lettres doivent l'être, ni de l'orthographe par laquelle nous pouvons essayer d'en représenter
la prononciation en français. D'autre part, si l'allemand n'a ni les voyelles nasales ni les sons mouillés
du français, du moins en a-t-il toutes les voyelles et
les diphthongues longues et brèves.

Il en est bien autrement de l'anglais. Non-seulement on n'y découvre rien d'analogue à nos sons nasaux ou mouillés ni à notre *j*; mais encore les groupes de lettres y ont un son étrangement représenté, *ch* valant tch, et *sh* valant ch, articulation qu'ont également *ci* et *ti*, dans *precious* et *nation*. De plus, aucune voyelle n'y reproduit notre *e* muet ni notre *u*, et toutes les voyelles y ont plusieurs valeurs. Le son de *l* mouillé s'y rend tantôt, comme le veut Spiers, par *fiyeul* pour filleul; tantôt, comme l'écrit Burton, par Wilyankourou pour Vouillancouru; ou enfin, comme le donne un *Guide to english and french Conversation*, *ung veeayleear* représente « un vieillard, » *ün veeayeeuh feeleeuh* est « une vieille fille. » S'il s'agit du *gn* mouillé, l'ñ des Espagnols, les Anglais écrivent kanyon pour cañon; Spiers figure bénignité par *beninnyité*, et le *Guide* cité tout à l'heure écrit des phrases de ce genre : « Kel ay luh nong duh set kangpaneeuh, duh suh veelazh ? » pour « Quel est le nom de cette campagne, de ce village? » Il rend : « Je suis français » par « zhuh süee frângsay », et cette phrase risible : « Eel nee a pâ longtâng kung vooaeeazhuhr saytângt angdormee avek ung seegar alümay mee luh feu a la vooatür ay kôza lay plu fâshuhz akseedâng, » veut dire : « Il n'y a pas longtemps qu'un voyageur s'étant endormi avec un cigare allumé mit le feu à la voiture et causa les plus fâcheux accidents. »

Quant aux voyelles anglaises, l'*a* se prononce ordinairement é, mais aussi a (par exemple à la fin des noms propres tirés des langues latines), ou â, ou même ao ; e se prononce î, é, eu ; i, aï, i, eu ; u, iou, eu, ou, bref et long. Comment s'y reconnaître? Je ne dis pas, dans la langue usuelle, dont les sons peuvent être sus par l'usage ; mais, dans les mots reproduisant des noms étrangers, que l'Europe ignore, avec un idiome où la prononciation est si incertaine et si différente de la nôtre? Quand les Anglais écrivent zariba pour zériba, vakil pour vékil, ameer pour émir, sheek pour cheik, les personnes instruites retrouvent aisément les formes réelles ; Trebinge et Trebinje pour Trebigne ; Cettinge et Cettinje pour Cettigne ; Nosse-Bay pour Nossibé ; Shilluks pour Chiloucs ; Fashoda pour Fachoda, même Unyamwezi pour Ounyamouezi, passent encore. Mais combien y a-t-il de personnes qui aient rapidement compris que Atchin désignait un des états les plus considérables de l'île de Sumatra, nommé pour nous Achem? Et qui pourrait se figurer que les Vouahihyou de Stanley sont les Vouahiao, dont Burton s'est efforcé de reproduire le nom dans une orthographe qui ne fût pas anglaise? Quand nous avons traduit le *Voyage de l'Atlantique au Pacifique*, nous avons déjà écrit Chouchou et non Shushu, Kînémontiéyou et non Keenamontiayoo. Dans un récent numéro du *San Francisco Bulletin*, on trouve une localité appelée Siskiyou ; nous serions étonné si ce nom illisible ne devait pas être prononcé Sixcayou.

Stanley, à sa lettre publiée par le *Daily Telegraph*
du 15 oct. 1875, ajoute un post-scriptum qui doit
être traduit ainsi : « Vous avez sans doute remarqué
que je n'écris pas comme Speke le mot nyanza. J'ai
pris la liberté de l'orthographier comme il est réellement prononcé par les Arabes et par les naturels, Ni-
yanza, ou Nee-yanza. » Là, pour nous, est la confirmation de l'orthographe française avec laquelle nous
écrivons gnanza, l'anglais n'ayant aucun moyen de
prononcer ce mot, qui signifie, si nous n'avons pas été
trompé, lac ou grand amas d'eau dormante. — Dans
la lettre même de Stanley, ce passage : « La rivière
Leewumbu, après un cours de 170 milles, est connue
dans l'Usukuma sous le nom de rivière Monangah.
Cent milles plus loin, son nom est changé en celui de
Shimeeyu, sous lequel elle se jette dans le Victoria
à l'est de cette portion du Kagehyi » contient des
noms propres illisibles pour des Français. Nous pro-
posons de l'écrire ainsi : « La rivière Lîoumbou, après
un cours d'environ 275 kilomètres, est connue dans le
pays de Sioukeuma sous le nom de Monangâ, qui,
160 kilomètres plus loin, est changé en celui de Chaï-
mîllou, sous lequel elle tombe dans le lac Victoria à
l'est de cette portion du Kédgeilli. » On ne peut pas
nier que l'hypothèse ne joue dans cette façon de traduire un certain rôle; mais est-il possible de faire
autrement quand on veut rendre les sons de l'orthographe anglaise à la française? Après tout, les mots

que nous venons d'écrire peuvent être lus et pro-
noncés par ceux qui ne savent pas l'anglais et doivent
beaucoup approcher de la réalité des noms entendus
par M. Stanley.

C'est de même pour être mieux compris que, partout où nous l'avons cru possible, nous avons remplacé, par le *c,* le *k,* dont l'usage est chez nous réservé
à quelques mots tirés du grec, ou des langues étrangères ; que, partout, nous avons traduit les longitudes
étrangères exprimées dans les livres ou sur les cartes
par celles que nous avons l'habitude de suivre et qui
sont comptées, à l'E. et à l'O., à partir du méridien de
Paris ; et que, partout enfin, nous avons rapporté les
mesures et les monnaies au système métrique et dé-
cimal que nous suivons en France.

Nous prions donc ceux qui auront eu la patience
de nous suivre dans ces longs développements d'avoir
la bienveillance de se rappeler que nous avons été
conduit à ce système parce que nous faisions des livres destinés non aux savants mais aux enfants et aux
ignorants ; et parce que nous voulions, en conséquence, que tous nos lecteurs, ayant reçu l'instruction
primaire, pussent nous comprendre sans difficulté,
c'est-à-dire avec utilité et surtout avec plaisir.

Si les savants habitués aux mots arabes *anglaisés,*
qu'ils rencontrent dans les éditions complètes de ces
livres et dans les cartes qui ont été faites et écrites
d'après elles, sont déconcertés d'abord par la nou-

veauté des noms qu'ils liront sur nos cartes et dans nos abrégés, nous nous en inquiétons peu : d'abord, parce que leur science les aura bientôt mis à même de s'y reconnaître ; ensuite et surtout parce que nous persistons à croire que la voie que nous suivons est, sinon irréprochable dans ses détails, au moins la seule bonne dans son ensemble.

Nous finirons donc en répétant ici ce que nous écrivions dans l'introduction à l'abrégé du *Voyage de Palgrave* : Nous avons voulu rendre facile et agréable la lecture de ces relations des voyages contemporains. Nos abrégés nous ont paru devoir servir les intérêts de la science et de la vérité. Par conséquent, nous nous sommes attaché à cette œuvre de réduction et de vulgarisation sans autre prétention et sans autre parti-pris que ceux d'être utile et de rendre des services, réels quoique modestes, à la cause de l'instruction du peuple et des jeunes gens.

J. Belin-De Launay.

Bourges, 30 avril 1876.

COMMENT

J'AI RETROUVÉ

LIVINGSTONE

CHAPITRE PREMIER

DE MADRID A BAGAMOYO

M. J. Gordon Bennett fils, directeur du *New-York Herald*, m'envoie à la recherche du docteur D. Livingstone. — J'arrive à Zanzibar. — L'île et la ville. — C'est le grand marché de l'Afrique orientale. — Opinion du consul Kirk sur l'illustre voyageur. — J'achète la cargaison et fais construire une charrette. — Formation de la caravane, qui comprend deux blancs : Shaw et Farquhar. — Embarquement à Zanzibar. — Mauvais début de Shaw.

Le 16 octobre de l'an du Seigneur 1869, j'étais à Madrid, rue de la Croix; j'arrivais du carnage de Valence. A dix heures du matin, Jacopo m'apporte une dépêche; j'y trouve les mots suivants : « Rendez-vous à Paris; affaire importante. » Le télégramme est de James Gordon Bennett fils, directeur du *New-York Herald*.

1

A trois heures j'étais en route. Obligé de m'arrêter à Bayonne, je n'arrivai à Paris que dans la nuit suivante. J'allai directement au Grand-Hôtel, et frappai à la porte de M. Bennett.

« Entrez, » dit une voix.

Je trouvai M. Bennett au lit.

« Qui êtes-vous? demanda-t-il.

— Stanley.

— Ah! oui. Prenez un siége ; j'ai pour vous une mission importante. »

Il se jeta sa robe de chambre sur les épaules, et me dit vivement :

« Où pensez-vous que soit Livingstone [1]?

— Je n'en sais vraiment rien, monsieur.

— Croyez-vous qu'il soit mort?

— Possible que oui, possible que non.

— Moi, je pense qu'il est vivant, qu'on peut le trouver, et je vous envoie à sa recherche.

— Avez-vous réfléchi, monsieur, à la dépense qu'occasionnera ce voyage?

— Vous prendrez d'abord 25,000 fr.; quand ils seront épuisés, vous ferez une traite d'autant, puis une troisième, et ainsi de suite; mais retrouvez Livingstone.

— Dois-je aller directement à la recherche de Livingstone?

— Non; vous assisterez à l'inauguration du canal de Suez. De là, vous remonterez le Nil. J'ai entendu

1. Voir notre introduction au volume intitulé *Explorations dans l'Afrique centrale* par David et Charles Livingstone. — J. B.

dire que Baker allait partir pour la Haute-Égypte ;
informez-vous le plus possible de son expédition. En
remontant le fleuve, vous décrirez tout ce qu'il y a
d'intéressant pour les touristes, et vous nous ferez un
guide — un guide pratique ; — vous direz tout ce qui
mérite d'être vu et de quelle manière on peut le voir.
— Vous ferez bien, après cela, d'aller à Jérusalem : le
capitaine Warren fait, dit-on, là-bas des découvertes
importantes ; puis, à Constantinople, où vous vous
renseignerez sur les dissentiments qui existent entre
le khédive et le sultan. — Après.... Voyons un peu.
— Vous passerez par la Crimée et vous visiterez ses
champs de bataille ; puis vous suivrez le Caucase jusqu'à la mer Caspienne : on dit qu'il y a là une expédition russe en partance pour Khiva. Ensuite vous
gagnerez l'Inde, en traversant la Perse ; vous pourrez
écrire de Persépolis une lettre intéressante. Bagdad
sera sur votre passage ; adressez-nous quelque chose
sur le chemin de fer de la vallée de l'Euphrate ; et,
quand vous serez dans l'Inde, embarquez-vous pour
rejoindre Livingstone. A cette époque, vous appren-
drez probablement qu'il est en route pour Zanzibar ;
sinon, allez dans l'intérieur, et cherchez-le jusqu'à ce
que vous l'ayez trouvé. Informez-vous de ses découvertes. Enfin, s'il est mort, rapportez-en des preuves
certaines. Maintenant bonsoir ; et que Dieu soit avec
vous.

— Bonsoir, monsieur. Tout ce que l'humaine nature a le pouvoir de faire, je le ferai, ajoutai-je ; et,
dans la mission que je vais accomplir, veuille Dieu
être avec moi. »

Je me mis donc en route. Remontant le Nil, je vis à Philæ M. Higginbotham [1], mécanicien en chef de l'expédition de sir S. Baker. A Jérusalem, j'eus un entretien avec le capitaine Warren; je descendis dans l'une des fosses qu'il a fait creuser et j'y vis les marques des ouvriers de Tyr sur les fondations du temple de Salomon. J'enrôlai aussi à Jérusalem comme interprète un jeune Arabe chrétien, nommé Sélim. Puis, je visitai les mosquées de Constantinople, je parcourus les champs de bataille de la Crimée; je vis Palgrave [2] à Trébizonde, et, après avoir inscrit mon nom sur un des monuments de Persépolis, j'arrivai dans l'Inde au mois d'août 1870.

Le 12 octobre, je m'embarquai à Bombay sur la *Polly*, mauvaise voilière, qui mit trente-sept jours à gagner l'île Maurice. La *Polly* avait pour contre-maître un Écossais, natif de Leith, appelé William Lawrence Farquhar. C'était un excellent marin; et, pensant qu'il pourrait m'être utile, je l'engageai pour toute la durée de l'expédition.

Le 6 janvier 1871, j'étais en vue de Zanzibar. Cette île est une des plus riches de l'Océan Indien; mais j'étais loin de m'en faire l'idée qu'elle mérite.

Nous traversions au point du jour le détroit qui la sépare de l'Afrique. Les hautes terres de la côte continentale apparaissaient, dans l'aube grisâtre, comme

---

1. Voir notre introduction au volume intitulé *Le lac Albert*, par sir Samuel W. Baker. — J. B.

2. L'intéressant ouvrage de Palgrave, *Une année dans l'Arabie centrale*, a été aussi publié dans notre collection populaire des voyageurs modernes. Hachette, 1869. — J. B.

une ombre allongée. Zanzibar, que nous avions à notre
gauche, à seize cents mètres de distance, sortit peu à
peu de son voile de brume, et finit par se montrer
clairement à nos yeux, aussi belle que la plus belle
des perles océanes. Une terre basse, mais non plate.
Çà et là, des collines, aux doux contours, s'élevant
au-dessus du panache des cocotiers qui bordent la
rive ; et, à d'heureux intervalles, des plis ombreux
indiquant où ceux qui fuient le soleil peuvent trouver
de la fraîcheur. Excepté la bande de sable, sur laquelle l'eau, d'un vert jaunâtre, se roule en murmurant, l'île entière paraît ensevelie sous un manteau de
verdure. Au-dessus de l'horizon, vers le sud, appa-
raissent les mâts de quelques vaisseaux ; tandis qu'au
levant se groupent des maisons blanches, au toit plat.
Cette agglomération est la capitale de l'île, cité assez
grande, ayant les caractères de l'architecture arabe.

Le capitaine Francis R. Webb, officier de marine
et consul des États-Unis, m'y fit l'accueil le plus cor-
dial et m'offrit une hospitalité des plus complètes.

Après m'être promené dans la ville, j'en rapportai
une impression générale d'allées tortueuses, de maisons blanches, de rues crépies au mortier, dans le
quartier propre. Dans celui des Banians, des alcôves,
avec des retraites profondes, ayant un premier plan
d'hommes enturbannés de rouge et un fond de piètres
cotonnades : calicots blancs, calicots écrus ; étoffes
unies, rayées, quadrillées ; des planchers encombrés
de dents énormes ; des coins obscurs remplis de coton
brut, de poterie, de clous, d'outils et de marchandises
communes en tout genre.

Le quartier des nègres me laissait un souvenir de têtes laineuses, avec des corps fumants, noirs ou jaunes, assis aux portes de misérables huttes, et riant, babillant, marchandant, se querellant, dans une atmosphère affreusement odorante : un composé d'effluves de cuir, de goudron. de crasse, de débris tombés des végétaux et d'immondices de toute espèce.

Je me rappelais aussi de grandes demeures à l'air solide, aux toits plats, avec de grandes portes sculptées, à grands marteaux d'airain, et des créatures assises, les jambes croisées, guettant la sombre entrée de la maison du maître ; un bras de mer peu profond, avec des canots, des barques, des daous [1] ; un étrange remorqueur à vapeur, couché dans la vase que la marée avait laissée derrière elle ; une place où les Européens se traînent d'un pas languissant, pour respirer la brise ; quelques tombes de marins, qui sont venus mourir là. Parmi ces images confuses et mouvantes, je distinguais à peine les Arabes des Africains, les Africains des Banians, les Banians des Hindous, les Hindous des Européens.

Zanzibar est le Bagdad, l'Ispahan, le Stamboul [2] de l'Afrique orientale. C'est le grand marché qui attire l'ivoire et le copal, l'orseille, les peaux, les bois précieux et les esclaves de cette région.

Parmi les consulats, le plus important est celui de

---

1. Très-petites embarcations maritimes, pontées à l'arrière. — J. B.

2. Bagdad, grande ville de la Turquie d'Asie, sur la rive droite du Tigre ; Ispahan, le principal marché de la Perse ; Stamboul, nom oriental de Constantinople. — J. B.

la Grande-Bretagne. A l'époque de mon voyage, il était occupé par le docteur John Kirk. J'avais le plus vif désir de voir cet honorable fonctionnaire : il avait été le compagnon de Livingstone, et je me figurais que, si quelqu'un pouvait me donner des renseignements sur l'illustre voyageur, ce devait être son consul et son ami.

Le deuxième matin qui suivit mon arrivée, obéissant aux exigences de l'étiquette zanzibarite, je sortis avec M. Webb, consul des États-Unis. Peu d'instants après, je me vis en face d'un homme assez mince, simplement mis, légèrement voûté, ayant la figure un peu maigre, les cheveux et la barbe noirs, et auquel M. Webb adressa ces paroles : « Docteur Kirk, permettez que je vous présente M. Stanley, du *New-York Herald.* »

M. Kirk souleva ses paupières et me regarda avec étonnement. Pendant l'entretien, qui roula sur divers sujets, sa figure, — je ne la quittais pas des yeux, — ne s'anima que lorsqu'il vint à parler de ses exploits de chasse. Il ne fut pas dit un mot de ce qui me tenait au cœur, et je dus attendre une nouvelle occasion pour interroger le consul.

Mais, pendant une réunion qui eut lieu dans la soirée de ce jour, le docteur Kirk m'appela pour me faire admirer une superbe carabine à éléphant que lui avait donnée le gouverneur de Bombay. J'eus alors à écouter l'éloge de cette arme précieuse, de sa justesse, de sa puissance ; enfin des récits de chasse, et divers épisodes du voyage au Zambèse, fait avec Livingstone.

« A propos de ce dernier, dis-je à M. Kirk, où pensez-vous qu'il soit maintenant ?

— Difficile de vous répondre. Il est peut-être mort ; vous savez qu'on l'a dit ; mais à cet égard on n'a rien de positif. Tout ce que je peux affirmer, c'est qu'il y a plus de deux ans qu'on n'a eu de ses nouvelles. Je crois cependant qu'il vit toujours. Nous lui envoyons continuellement différentes choses ; une petite caravane est même pour lui en ce moment à Bagamoyo. Il devrait bien revenir : le voilà qui vieillit, et, s'il mourait, ses découvertes seraient perdues. Il ne tient pas de journal, ne prend pas d'observations, ou très-rarement ; il se borne à mettre sur une carte une note ou un signe dont personne ne connaît le sens. Assurément, s'il vit encore, il devrait bien revenir, et céder la place à quelqu'un de plus jeune.

— Quel homme est-il ? demandai-je, profondément intéressé.

— En général, très-difficile à vivre. Je n'ai jamais eu à me plaindre de lui ; mais que de fois je l'ai vu s'emporter contre les autres ! Cela vient, je présume, de ce qu'il déteste avoir des compagnons.

— J'ai ouï dire qu'il était fort modeste, repris-je. Est-ce vrai ?

— Oh ! il sait parfaitement ce que valent ses découvertes ; personne ne le sait mieux que lui. Ce n'est pas un ange, pas tout à fait, ajouta le consul en riant.

— Mais, supposez que je le rencontre dans mes voyages, ce qui, après tout, ne serait pas impossible, quelle pourrait être sa conduite à mon égard ?

— A vous dire vrai, si vous e rencontriez, je doute

qu'il en fût content. Je sais bien que si Burton, ou Grant, ou Baker allait le rejoindre, et qu'il en eût connaissance, il mettrait bien vite des centaines de kilomètres impraticables, marais et fondrières, entre·lui et son compatriote. Quant à cela, j'en suis certain. »

Le consul passait pour bien connaître celui dont il parlait; je devais croire ses renseignements exacts; et ils n'étaient pas de nature à augmenter mon zèle [1].

Cependant je ne connaissais nullement l'intérieur de l'Afrique, et je ne me doutais pas de ce qu'il fallait pour y pénétrer. Je me procurai donc tous les renseignements possibles, et j'appris que, pour nourrir cent hommes, il suffisait par jour de dix dotis, c'est-à-dire de quarante mètres d'étoffe; ce qui, pour l'année, faisait trois mille six cent cinquante dotis ou quatorze mille six cents mètres.

A ce compte, il me fallait, pour deux ans, environ seize mille mètres de calicot blanc d'une largeur d'un mètre, huit mille de cotonnade bleue, et cinq mille deux cents d'étoffes de couleur.

Venait ensuite la verroterie, qui sert de monnaie courante dans plusieurs provinces, où malheureusement les goûts ne sont pas les mêmes. Telle peuplade veut des perles blanches; telle autre préfère les jaunes ou les vertes.

Après la rassade, le fil métallique. Dans la zone où j'allais entrer, les grains de verre remplacent la monnaie de cuivre; l'étoffe, la monnaie d'argent; et au

1. Voir une réfutation effective de ce portrait de Livingstone, qu'a tracé le Dr Kirk, dans le sixième chapitre de ce volume. — J. B.

delà du Tanguégnica, le fil de laiton représente la monnaie d'or.

Mes achats terminés, j'éprouvai un certain orgueil à inspecter mes ballots, rangés et empilés dans le vaste magasin du capitaine Webb. Ma tâche cependant n'était que commencée : il me fallait encore des provisions de bouche, des ustensiles de cuisine, des sacs, des tentes, de la corde, des ânes et leur équipement, de la toile, du goudron, des aiguilles, des outils, des armes, des munitions, des médicaments, des couvertures : un millier de choses à se procurer.

Vers cette époque, John William Shaw, natif de Londres, et troisième contre-maître sur un navire américain, vint m'offrir ses services. Il avait de l'adresse, savait manier l'aiguille et les ciseaux ; était assez habile navigateur, plein de bon vouloir, actif et complaisant ; je pouvais employer utilement toutes ces qualités ; bref, j'engageai Shaw à raison de trois cents dollars [1] par an, comme second maître d'équipage, Farquhar étant le premier.

Il me restait à enrôler vingt hommes d'escorte, à les armer, à les équiper. Avec l'aide de Johari, premier interprète du consulat, je m'assurai en quelques heures des services d'Oulédi, ancien domestique de Grant ; d'Oulimengo, de Barati, de Mabrouki, le serviteur de Burton, et d'Ambari. Tous les cinq avaient suivi Speke. Quand je leur demandai s'ils consentaient

---

1. Le dollar usité à Zanzibar étant celui de Marie-Thérèse vaudrait 5 fr. 20 ; mais, en ce pays, l'argent même n'a pas de valeur fixe ; autrement, 300 dollars feraient environ 1560 fr. — J. B.

à faire partie de la caravane d'un autre homme blanc, ils me répondirent qu'ils accompagneraient volontiers un frère de leur ancien maître.

Bombay fut appelé de Pemba, île située au nord de Zanzibar. Il vint suivi de ses anciens compagnons, chacun à son rang, d'après le grade qu'il avait eu jadis. Tout d'abord, malgré sa figure ridée, sa grande bouche, ses petits yeux, et son nez aplati, Bombay me fit une impression favorable. Je lui demandai s'il consentirait à être le chef de mon escorte, et à venir avec moi jusqu'au Tanguégnica. Sa réponse fut qu'il était prêt à faire tout ce que je voudrais, prêt à me suivre partout; bref, à être le modèle des serviteurs et des soldats. Il espérait seulement avoir un uniforme et un bon fusil, deux choses qui lui furent promises.

Je lui parlai ensuite des autres fidèles du capitaine Speke. Il n'y en avait plus que six dans la ville. Chacun d'eux avait gardé la médaille attestant qu'il avait pris part à la *découverte des sources du Nil*. Mabrouki était devenu infirme. Le docteur Kirk, dont l'infortuné avait reçu les soins, était parvenu à rendre à l'une de ses mains quelque chose de la forme primitive; mais l'autre, un affreux moignon, ne pouvait plus servir. Malgré cette impotence, malgré sa laideur et sa vanité, malgré tout ce qu'en avait dit Burton [1], j'engageai Mabrouki, par cela seul qu'il avait accompagné Speke, et lui avait été fidèle.

Bombay, capitaine de l'escorte, me procura encore dix-huit volontaires, qui, disait-il, ne déserteraient

---

1. Voir Burton, *Voyage aux grands lacs de l'Afrique orientale*, Librairie Hachette, 1862, p. 121.

pas, et dont il se portait garant. C'étaient de fort beaux hommes, paraissant avoir beaucoup plus d'intelligence que je n'en aurais supposé à de sauvages Africains.

Enfin, pour ne pas rester à la merci des riverains quand je voudrais naviguer sur le lac Tanguégnica, j'achetai deux bateaux. L'un pouvait contenir vingt personnes avec les marchandises nécessaires pour les défrayer, et, dans l'autre, six hommes et leurs bagages devaient être à leur aise. Je les fis démembrer. Les traverses et les couples furent divisées par lots, qui, tout emballés, n'excédèrent pas soixante-huit livres. Quant au bordage, il fut remplacé par une enveloppe, composée de deux toiles fortement goudronnées.

L'obstacle principal à la rapidité des voyages, dans cette partie de l'Afrique, a pour cause la nature des paiements et des moyens de transport. Ici, au lieu d'un florin ou d'un demi-dollar, il faut deux mètres d'étoffe ; un collier, à la place d'un sou ; un rouleau de fil de métal, en guise de pièce d'or ; et, pour transporter cette monnaie encombrante, vous n'avez pas de wagon, pas de chameau, pas de cheval, pas de mulet ; rien, que des hommes tout nus, qui prennent, au minimum, et pour la moitié du chemin, quinze dollars par soixante-dix livres, sans compter leur nourriture. En outre, il est difficile de les avoir ; les réunir demande beaucoup de temps ; et j'étais pressé. Je pensai, dès lors, qu'une petite charrette, proportionnée aux sentiers de chèvre du pays, ne serait pas sans avantage. Si un âne portait cent quarante livres, il était probable qu'il en traînerait le double, ce qui remplacerait quatre hommes. Je fis donc construire une petite voiture de 1ᵐ 50 de long, sur 0ᵐ 46 de large, à laquelle furent adaptées les roues de devant d'un petit chariot américain. Elle devait servir pour les caisses de munitions, à la fois lourdes et étroites. On verra si la pratique justifia ma théorie.

En somme, mon matériel pesant onze mille livres, et chaque porteur prenant soixante-dix livres, j'avais besoin de soixante hommes pour mon convoi. Je ne pouvais me les procurer qu'en Afrique. Je me hâtai donc d'aller prendre congé de Sa Hautesse Séïd Bargach, sultan de Zanzibar, et le lendemain, c'est-à-dire le 5 février 1871, quatre daous étaient réunis devant le consulat américain. On mit les chevaux dans le premier : le deuxième et le troisième reçurent mes vingt-sept ânes; le quatrième, beaucoup plus grand, fut chargé de la troupe et de la cargaison.

Quand l'arrimage fut fini, tout le monde à bord, Shaw ni Farquhar ne paraissaient point. Après d'actives recherches, on les trouva chez un marchand de liqueurs, où ils exposaient à une douzaine d'ivrognes ce qu'il y a de sublime dans le grand art d'explorer l'Afrique, et où ils tâchaient d'écarter, à force d'eau-de-vie de grain, les noirs pressentiments qui se glissaient dans leur âme.

« Mauvais début! leur dis-je, lorsqu'en titubant ils approchèrent du quai.

— Sans... sans vous déplaire, monsieur, puis-je vous demander si... si vous croyez que... que j'ai eu raison de vous promettre... d'aller avec vous? balbutia Shaw.

— N'avez-vous pas signé le contrat? demandai-je à mon tour. Embarquez vite, messieurs. Nous sommes tous engagés maintenant; affaire de vie ou de mort, peu importe : nul ne peut déserter son devoir. »

Il était près de midi quand nous mîmes à la voile. Le drapeau américain, un présent de mistress Webb, fut hissé à l'avant.

CHAPITRE II

L'île de Zanzibar avec ses plantations de cocotiers
et de manguiers, sa ville aux maisons blanches, ses
bois de girofliers et de canneliers, avec son port et
ses navires, ses deux îlots placés en sentinelles, s'effaça
peu à peu ; tandis que grandissait au couchant le rivage africain, banc de verdure pareil à l'autre qui,
reculant toujours, n'était plus qu'une ligne sinueuse,
prenant à l'horizon le noble aspect des montagnes.
Nos daous jetèrent l'ancre au sommet d'un récif de
corail situé à cent mètres de la côte, et dont la roche

se voyait distinctement à quelques pieds au-dessous de la surface de l'eau.

Mes soldats, amoureux de vacarme et prompts à s'en exalter, saluèrent d'une vive mousquetade le mélange d'individus qui se pressaient sur la plage.

Dans cette foule, se tenait au premier rang un membre de la Société du Saint-Esprit, attaché à la mission que les jésuites ont fondée sur la côte. Le révérend Père nous invita de la façon la plus courtoise à loger dans leur maison, à y prendre nos repas, et même, si cela pouvait nous être agréable, à établir notre camp sur leur terrain. Mais, quelque pressante et cordiale que fût l'invitation des bons Pères, je ne l'acceptai que pour moi, et pour la première nuit.

Je louai à l'extrémité de Bagamoyo, du côté de l'ouest, une maison donnant sur un grand espace, auquel aboutissait la route que nous devions prendre. Dressées en face du bâtiment, nos tentes formèrent avec lui l'enceinte d'une petite cour, où pouvaient se traiter les affaires à l'abri des importuns.

Un enclos, attenant à la maison, reçut nos vingt-sept bêtes. Les caisses, les ballots furent emmagasinés ; une ligne de soldats fut placée à l'entour ; et, laissant notre camp sous la garde de Farquhar, de Shaw et de Bombay, je me rendis chez mes hôtes, qui m'attendaient pour souper.

La Mission est au nord de Bagamoyo, à une distance d'au moins huit cents mètres. C'est tout un village : quinze ou seize corps de logis. Dix révérends frères et autant de sœurs forment le personnel de l'établissement, et s'y appliquent à faire jaillir l'intelligence du crâne des indigènes. La vérité m'oblige à reconnaître que leurs efforts sont couronnés de succès. Ils ont là plus de deux cents élèves, filles et garçons; et tous, du premier au dernier, portent l'empreinte de l'utile enseignement qu'ils reçoivent.

Après le repas, qui rétablit mes forces défaillantes et qui m'inspira une extrême gratitude, vingt élèves des plus avancés entrèrent avec des instruments de cuivre, formant ainsi un orchestre complet. J'avoue ma surprise. Voir ces jeunes têtes laineuses produire une pareille harmonie; écouter, dans ce pays sauvage, les airs connus de France; entendre ces négrillons chanter la gloire et la vaillance françaises avec l'aplomb de gamins du faubourg Saint-Antoine, c'était bien fait pour m'étonner.

Je passai une nuit excellente; et dès l'aurore je me rendis au camp, tout disposé à jouir de ma nouvelle existence.

Cependant l'approche de la masica, ou saison pluvieuse [1], ne me laissait pas une minute à perdre; mais il me fallut d'abord faire refaire tous mes ballots, dont chacun dépassait d'une trentaine de livres la moyenne ordinaire de la charge. Après ce travail, je me trouvai avoir quatre-vingt-deux de ces ballots d'étoffe à emporter. Puis, que de retards me coûtèrent mes enrôlements!

1. On place ordinairement la *masica* ou mousson du printemps, dans cette région maritime, de janvier au mois d'avril. Le débarquement de Stanley à Bagamoyo est du 5 février 1871. On verra que la masica a fini le 30 avril, n'ayant duré cette année que trente-neuf jours, sur lesquels il y en avait eu seulement dix-huit de pluie. Voir aussi une note du chap. VIII de ce volume. — J. B.

Les fonctionnaires de Caolé ne se montraient pas
serviables. Le djémadar ou chef des Béloutchis en garnison à Bagamoyo s'était borné à me faire une visite
après la réception de la lettre du sultan de Zanzibar;
et Narandji, employé de la douane, n'avait répondu à
la requête de son chef en ma faveur que par des signes
de tête, des clignements d'yeux et des promesses qui
ne l'engageaient guère. Aussi, la première quinzaine
s'écoula sans que j'eusse trouvé un porteur. Dans cette
extrémité, je me rappelai qu'un loyal Hindou de
Zanzibar, Tarya Topan, m'avait proposé d'écrire pour
moi à un certain Hadji Pallou, qui, disait-il, bien
que très-jeune, n'avait pas son pareil pour former une
troupe. Cet excellent garçon me conseilla de faire
partir mon expédition par petites caravanes, parce
qu'elles étaient bien préférables aux grandes : « celles-
ci éveillaient la cupidité des chefs et provoquaient les
attaques, tandis que les autres passaient inaperçues ».
Son conseil me parut bon à suivre. Mais, pendant les
six semaines que j'ai passées là, ce garçon de vingt
ans m'a donné plus de fil à retordre que tous les es-
crocs de New-York n'en donnent à la police. Dix fois
par jour on le prenait la main dans le sac; il n'en
était pas même troublé.

Il en prit tant et si bien, malgré ma surveillance,
que les trois mille cents dotis qui devaient suffire à
payer cent quarante porteurs, étaient dépensés. Or,
je n'avais que cent trente hommes et Hadji Pallou,
digne garçon ! m'apportait son mémoire dont le total
s'élevait à quatorze cents dollars.

On se demandera pourquoi je n'avais pas rompu

avec ce coquin, dès la première affaire? C'est parce
que, sans lui, je serais resté à Bagamoyo plus de six
mois, et qu'un prompt départ était indispensable.

Grâce à Tarya Topan, le mémoire fut révisé et réglé
à sept cent trente-huit dollars [1].

Les averses se multipliaient, annonçant la masica,
et nous démontraient l'urgence de remplacer nos
tentes; Shaw et Farquhar y travaillaient active-
ment.

Peu de jours après mon arrivée à Bagamoyo, j'étais
allé au camp de Massoudi, voir la caravane que l'on
envoyait à Livingstone, et qui était là depuis le 2 novembre 1870. Le nombre des ballots n'était que de
trente-cinq ; il ne fallait donc que trente-cinq hommes
pour les porter. Ces ballots étaient sous la garde
de sept Anjouannais et hommes de l'Hiao [2], dont
quatre esclaves, qui tous vivaient dans l'abondance,
sans s'inquiéter du résultat de leur inaction.

Le docteur Kirk dit avoir ignoré que les provisions
qu'attendait Livingstone, n'étaient pas parties. C'est
au moins preuve de négligence; le jour même de
mon arrivée à Zanzibar, on m'apprenait que ces marchandises n'avaient point quitté la côte.

Toutefois, vers la mi-février, le bruit courut dans
les bazars, et se répandit au loin, que l'ambassadeur
anglais allait venir à Bagamoyo pour voir où en était
sa caravane; sur quoi celle-ci, prise de frayeur, partit

1. D'après une note de notre ch. 1, cela ferait 3837 f. 60.
2. Les Anjouannais viennent de l'île Johanna, une des Comores;
et les Ouahiao habitent à l'E. du lac des Maraouis, près du fleuve
Rouvouma. — J. B.

le lendemain, avec seulement quatre hommes d'escorte.

Bagamoyo a le climat le plus agréable; en quoi il diffère considérablement de Zanzibar. Après une nuit passée à la belle étoile, on se réveillait, dispos et vigoureux, pour se jeter à la mer; on sortait du bain; et, le soleil levé, nous étions à l'ouvrage.

Enfin comme, avec de la persévérance, on vient à bout de tout, je réussis à mettre en route les groupes de notre entreprise dans l'ordre suivant :

Le 18 février 1871, douze jours après notre arrivée à Bagamoyo, première caravane, formée de vingt-quatre pagazis ou porteurs et de trois ascaris ou soldats.

Le 21 février, seconde caravane, ayant vingt-huit porteurs, deux chefs et deux soldats.

Le 25 février, troisième caravane, comptant vingt-deux porteurs, dix ânes, un cuisinier, trois soldats, et un chef de race blanche, qui était Farquhar.

Le 11 mars, quatrième caravane : cinquante-cinq porteurs, deux chefs et trois soldats.

Enfin le 21 mars, partait la cinquième bande, ainsi composée : vingt-huit porteurs, douze soldats, un tailleur, un interprète, un cuisinier, un servant d'armes, deux hommes de race blanche (Shaw et moi), deux chevaux, dix-sept ânes et un chien.

Total des cinq groupes formant l'expédition du *New-York Herald* : cent quatre-vingt-douze hommes.

Le drapeau fut déployé, celui des États-Unis. Les porteurs, les soldats, les animaux étaient en ligne; le guide ou kirangozi se mit à leur tête. Je dis un long

adieu à la vie civilisée, à ses loisirs; adieu à l'Océan,
à sa route largement ouverte, qui mène chez moi;
adieu à la foule de bruns spectateurs qui saluaient
notre départ de coups de feu répétés. Les ascaris
étaient responsables de nos dix-sept ânes et de leurs
charges; Sélim conduisait la petite charrette, qui
portait les munitions; Shaw, coiffé d'un liége en
forme de barque renversée, chaussé de bottes fortes
et monté sur un âne, fermait la marche; tandis que,
sur son beau cheval, le *bana mkouba*, c'est-à-dire le
grand maître, comme on l'appelait, moi enfin, directeur et narrateur en chef de l'expédition, j'étais à
l'avant-garde.

Notre sortie fut très-brillante. La foule se pressait
sur notre passage, et des salves de mousqueterie célé-
braient notre départ. Chacun de nous était plein d'ardeur; les soldats chantaient, le kirangozi poussait des
rugissements sonores, et agitait le drapeau étoilé qui
disait à tous les spectateurs : Cette caravane est celle
d'un homme blanc (mousoungou)!

Autour de nous, un pays charmant : des arbres
étrangers, des champs fertiles, une végétation riante.
J'écoutais la voix du grillon, celle du tringa, le sibi-
lement des insectes; tous semblaient me dire : « Enfin
vous êtes parti! » Que pouvais-je faire? sinon lever les
yeux vers le ciel, et jeter ce cri du fond de l'âme :
Dieu soit loué!

Après une marche de cinq mille deux cents mètres,
nous nous arrêtâmes à Chamba Gonéra; il était alors
une heure et demie.

Déjà les caractères commençaient à se révéler;

Bombay, bien que toujours sûr, paraissait avoir du penchant pour les haltes ; Oulédi faisait plus de bruit que de besogne ; tandis que Férajji, l'ancien déserteur, et Mabrouki, le manchot, se montraient pleins de courage, portant des charges dont la vue aurait effrayé un porte-faix de Stamboul.

Les trois jours suivants furent employés à compléter nos préparatifs de départ, et à nous précautionner contre la masica, dont les signes précurseurs étaient de plus en plus marqués.

Enfin : « Voyage, jour de voyage ! En marche, en marche ! » crie fortement le kirangozi, dont la voix joyeuse a pour écho celle du bon Sélim, mon tambour-major, mon serviteur, mon interprète, mon utile auxiliaire. Et nous partons décidément.

La route, un simple sentier, se déroulait sur une terre qui, bien que sableuse, était d'une fertilité surprenante : cent pour un de la semence, et les légumes en proportion ; le tout semé et planté de la façon la moins habile. Hommes et femmes travaillaient dans les champs sans s'inquiéter de bien faire. A notre approche, ils quittèrent leur ouvrage : ces hommes blancs, vêtus de flanelle, chaussés de grandes bottes, coiffés de chapeaux brevetés contre le soleil, étaient à leurs yeux des êtres monstrueux. Nous passâmes devant eux d'un air grave, tandis qu'ils riaient et gambadaient en se montrant du doigt tout ce qu'ils trouvaient de bizarre dans des gens si fort empaquetés.

Une heure et demie de marche nous conduisit dans la vallée du Kingani ; elle s'offrit à nos regards tellement différente de ce que je m'étais figuré que j'en éprouvai un soulagement réel.

Quand la caravane eut passé la rivière, j'aurais voulu m'arrêter au bord de l'eau, y camper et chasser l'antilope, autant par nécessité que par plaisir, afin d'épargner mes chèvres qui constituaient mon fonds de réserve. Mais la terreur que les hippopotames inspiraient à mes hommes, me força de gagner un petit village appelé Kicoca, situé à six kil. et demi du Kingani, et où la garnison de Bagamoyo a son dernier poste.

La rive occidentale, sur laquelle nous nous trouvions alors, était bien meilleure encore que l'autre.

Kicoca est une collection de maisonnettes, couvertes en chaume, et de cette forme bâtarde inventée par les colons de Zanzibar et de la Mrima [1], pour exclure le plus de soleil possible de leurs demeures. J'y rattrapai ma quatrième bande. Son chef, Maganga, ne sut qu'inventer pour m'extorquer de nouvelle cotonnade, bien qu'il m'eût déjà coûté à lui seul plus que trois autres chefs réunis ; mais ses efforts n'obtinrent que la promesse d'une récompense, s'il arrivait avant moi dans le Mouézi, et de manière à nous laisser le chemin libre.

Il partit le 27, au point du jour, et nous levâmes le camp à sept heures du matin.

Toujours la même contrée : un parc superbe, attrayant dans tous ses détails.

Kicoca, d'où nous partions, est à l'extrémité nord-ouest du Zaramo ; et nous campâmes au premier vil-

---

1. Stanley appelle *Mrima* toute la région littorale entre les embouchures du Loufidji et du Pangani. — J. B.

lage rencontré dans le pays de Kouéré ; il s'appelle
Rosaco. Je fus forcé d'y laisser encore la troupe de
Maganga, à cause des maladies dont elle était atteinte.

Excepté aux environs des bourgades, il n'y avait
pas trace de culture. Le pays, d'une station à l'autre,
n'était qu'un désert aussi sauvage, aussi abandonné
que le Sahara, mais d'un aspect bien autrement
agréable. Notre premier père, s'éveillant dans cette
partie de l'Afrique et en découvrant les beautés,
n'aurait pas eu sujet de se plaindre.

Si pressé que je fusse d'atteindre le Mouézi, j'avais
une telle inquiétude au sujet de ma quatrième bande,
que je m'arrêtai avant d'avoir fait quatorze kilomètres,
et que je donnai l'ordre de camper. A peine eut-on
fini de décharger, et d'entourer le camp d'une forte
palissade, que nous nous aperçûmes de la prodigieuse
quantité d'insectes qui nous entouraient, et qui de-
vinrent pour moi une nouvelle source d'anxiété.

J'y distinguai trois mouches dont la dernière, qui
dans le pays s'appelle *tchoufoua*, donnait un son faible
et grave, allant crescendo. Elle était plus grosse d'un
tiers que la mouche domestique, avait de grandes ailes,
faisait moins de bruit que les autres, mais plus de besogne ; c'était assurément la plus terrible. Les chevaux
et les ânes ruaient et se cabraient sous sa piqûre, qui
faisait ruisseler le sang. Vorace au point de se laisser
prendre plutôt que de fuir avant d'être gorgée, elle
était facilement détruite ; mais on avait beau en écra-
ser, le nombre allait toujours croissant. J'ai reconnu
plus tard que cette mouche était la tsetsé formidable,
la seule dont la piqûre est mortelle pour le cheval, le

bœuf, le mouton et le chien, suivant Livingstone ;
cependant les indigènes affirment que les trois espèces
que j'ai examinées en cet endroit, seraient également
fatales aux bêtes ovines [1].

Le lendemain, je crus devoir encore attendre ma
quatrième caravane; en attendant, je songeai à prendre
le plaisir de la chasse, et, en chassant, je m'égarai.

Grâce à ma boussole, je n'avais rien à craindre ;
j'étais certain de débucher dans la plaine à peu de
distance du camp. Mais c'est un travail terriblement
rude que de sortir de ces halliers d'Afrique, ruineux
pour les habits, cruels pour l'épiderme. Afin de marcher plus lestement, j'avais gardé mon pantalon de
flanelle et mes souliers de toile. A peine étais-je
plongé dans le fouillis épineux, qu'une branche d'*a-
cacia horrida*, l'une des cent espèces de grappins que
j'allais rencontrer, saisit ma jambière droite au genou,
et arracha le morceau presque entièrement ; vint ensuite le tronc d'un colqual, un grand euphorbe hé-
rissé d'aiguilles, qui me prit à l'épaule, d'où résulta
une nouvelle déchirure. Puis un aloès accrocha mon
autre jambière et la fendit du haut en bas ; pendant
ce temps-là, un convolvulus, fort comme un câble,
m'empêtra dans ses replis, et me lança tout de mon
long sur un lit d'épines.

C'était à quatre pattes, le nez à terre, comme un
limier flairant la piste, que j'étais forcé de marcher ;

---

1. Consulter nos éditions populaires du *Voyage dans le sud-
ouest de l'Afrique par Th. Baines*, p. 241. Hachette, 1867; et
des *Voyages du capitaine Burton*, p. 126. Hachette, 1870.
—. J. B.

mon pauvre casque, breveté contre le soleil, devenait à chaque minute moins sortable, moins solide, et mes vêtements de plus en plus déguenillés. En outre, il y avait là une plante aux émanations fortes et âcres, dont les brins me fouettaient le visage et y produisaient une brûlure analogue à celle que le piment fait dans la bouche. Enfin l'air étouffé de cette jungle, un air moite et chaud, me suffoquait ; la sueur me coulait de tous les pores, trempant mes lambeaux de flanelle autant qu'aurait pu le faire une averse. Quand je fus dehors et que j'eus largement respiré, je me fis le serment de ne jamais traverser de nouveau ces fouillis d'épines [1], à moins de nécessité absolue.

Après une halte de trois jours, comme j'étais sans nouvelle de ma quatrième bande, j'envoyai Shaw et Bombay la chercher, avec mission de la presser le plus possible. Ils revinrent le lendemain, suivis des retardataires. Maganga me donna pour excuse la faiblesse de ses malades ; il ajouta qu'il leur fallait encore un jour de repos, que je ferais bien de partir et de l'attendre à la station voisine. D'après ce conseil, je levai le camp et me dirigeai vers Kingarou, qui n'était pas à plus de huit kilomètres.

Ce fut dans cette marche que la caravane rencontra la première jungle qu'il lui fallut traverser ; malgré le sentier que nous y trouvâmes, on eut beaucoup de peine à en faire sortir la charrette.

1. Nos éditions des *Voyages du capitaine Burton* p. 138 ; et *Voyages dans le sud-ouest de l'Afrique par Th. Baines*, p. 79 et suivante ; du *Natal au Zambèse, par Baldwin*, p. 125, font connaître les dangereuses variétés de ces épines africaines. — J. B.

Kingarou est situé dans le creux d'un pli de terrain.

Les tentes n'étaient pas encore dressées que l'avant-coureur de la masica fondait sur nous, en averse suffisante pour éteindre l'amour naissant que je ressentais pour l'Afrique. Le camp fut achevé en toute hâte, les ballots furent mis à couvert et nous pûmes regarder avec résignation les énormes gouttes d'eau qui, battant le sol, en faisaient une boue singulièrement tenace, et nous entouraient de lacs et de rivières.

Le même soir, mon cheval arabe me parut souffrant; le lendemain, il était mort. Pour ne pas rendre pire le mauvais air de l'endroit, je fis enterrer le pauvre animal à vingt mètres du camp. Là-dessus, grand courroux du chef qui réunit ses collègues des bourgades voisines; — chacun de ces hameaux pouvait bien avoir deux douzaines de huttes en clayonnage. Le conseil délibère, et finit par déclarer que le fait d'avoir enterré un cheval mort sur le territoire de Kingarou, et de l'avoir fait sans permission, est une injure grave, passible d'une amende. Ce différend fut arrangé après quelques pourparlers.

Malheureusement mon second et dernier cheval mourut le lendemain matin, juste quinze heures après son compagnon. A cette double perte, s'ajoutait l'ennui que me donnait ma quatrième caravane. Le 1er, le 2, le 3 avril s'étaient écoulés depuis l'époque où elle devait me rejoindre, et je l'attendais toujours.

Outre le temps perdu, cette halte prolongée avait rendu malades dix de mes hommes. Enfin, le 4 avril, les sons d'une trompe, joints au bruit des mousquets, nous annoncèrent l'arrivée d'une caravane, et Maganga apparut, suivi de toute la bande. Ses malades allaient beaucoup mieux ; cependant un jour de repos leur était nécessaire.

Dans l'après-midi, il fit le siége de ma générosité en me racontant les filouteries dont Sour Hadji Pallou, digne jeune homme ! l'avait rendu victime ; mais je me bornai à lui promettre de nouveau que, s'il atteignait rapidement le pays de Mouézi, il aurait lieu d'être satisfait de moi.

Il se mit en marche le 5 avril, prenant cette fois l'avance, et m'affirmant que je ne le rejoindrais pas, quelle que fût la hâte que je pourrais déployer.

Le lendemain matin, voulant tirer mes gens de leur torpeur, je battis un joyeux rappel sur la poêle avec une cuiller de fer, et j'annonçai le départ. L'appel fut d'un excellent effet, car on y répondit avec empressement. Mais la longue marche qui suivit prouva combien le séjour de Kingarou avait affaibli et démoralisé ma bande, soldats et porteurs. Quelques-uns d'entre eux seulement eurent la force de gagner la station avant la nuit. Les autres n'arrivèrent que le lendemain, et dans un état pitoyable d'esprit et de corps.

Nous partîmes le 8 pour Msouhoua ; une marche de seize kilomètres tout simplement, mais qui est restée dans notre souvenir comme l'une des plus pénibles que nous ayons jamais faites : tout entière dans une jungle, n'ayant que trois éclaircies où l'on pût reprendre haleine.

Quel travail, et quel endroit ! Les miasmes, les effluves des plantes en décomposition étaient d'une âcreté si pénétrante, que je m'attendais à chaque instant à nous voir foudroyés par la fièvre. Heureusement qu'il n'en fut rien ; mais on ne se figure pas ce que c'est que de faire passer dix-sept ânes chargés, conduits par sept hommes seulement, dans un sentier d'un pied de large, qui serpente au milieu d'un fourré inextricable, entre deux murs épineux, dont les grappins s'avancent et accrochent tout ce qui est à plus de quatre pieds du sol : juste la hauteur à laquelle se trouvent les ballots, qu'il faut sans cesse décharger et recharger. Les hommes n'en pouvaient plus, et dans leur découragement, ne reprenaient leur tâche qu'après avoir essuyé des flots de paroles acerbes [1].

Lorsque j'atteignis le campement désigné, qui est à la sortie du hallier, j'étais seul avec les dix ânes dont j'avais pris la conduite.

Remis de l'extrême fatigue de cette marche, nous quittâmes Msouhoua le 10 avril, escortés des gens du village, qui nous accompagnèrent jusqu'à leur estacade, en nous adressant de bienveillants adieux.

Le 12, nous atteignîmes Moussoudi, qui est au bord de la rivière Ougérengeri.

La route, ce jour-là, fut excellente ; pas un paquet dérangé, pas une cause d'impatience. Une fois chargés, les ânes n'eurent plus qu'à marcher devant eux. Ils parcouraient un pays magnifique, splendide dans sa sauvagerie, plein d'arbustes odorants, parmi lesquels je reconnus la sauge et l'indigotier. Ce beau parc s'étend jusqu'aux montagnes qui séparent l'Oudoé du

1. Voir, dans notre édition des *Voyages du capitaine Burton*, p. 114, la description de ce sentier des jungles. — J. B.

pays de Cami, à trente-deux kil. de l'endroit où nous étions; leurs cônes lointains avec le pic de Kara forment à cette charmante scène un fond qui en complète la beauté.

Je retrouvai, dans le Ségouhha, à Mouhallê, notre quatrième bande avec trois nouveaux malades, dont les yeux avides se tournaient vers moi, « le dispensateur de la médecine. » Des coups de feu avaient salué mon approche ; des épis de maïs et du riz attendaient que je voulusse bien les accepter ; mais, je le dis à Maganga, j'aurais préféré qu'il fût en avance de huit ou dix étapes.

Je rencontrai là Sélim ben Raschid qui revenait de l'intérieur avec trois cents dents d'éléphant. Outre la bienvenue qu'il me souhaita et du riz dont il me fit présent, j'eus par lui des nouvelles de Livingstone. Ce bon Arabe l'avait laissé à Djidji, où pendant quinze jours ils avaient habité les deux huttes voisines. « Il venait d'être fort malade, me dit ben Raschid en me parlant du docteur, et il avait l'air d'un vieillard : la figure défaite et la barbe grise. Son intention, quand il serait rétabli, était de se rendre dans le Mégnéma par la voie du Maroungou. »

Le lendemain, en suivant la vallée, nous passâmes sous les murs de Simbamouenni, capitale du Ségouhha. J'étais loin de m'attendre à pareille rencontre. En Perse, dans le Mazandéran, elle ne m'aurait pas étonné ; mais ici elle était complètement imprévue.

Située au pied des montagnes du Cougourou, dans une vallée magnifique, arrosée par deux rivières et par plusieurs ruisseaux limpides, cette ville pouvait avoir près de cinq mille habitants. Ses maisons, au nombre d'un millier, étaient d'architecture indigène, mais du meilleur style, et ses fortifications arabo-persiques réunissaient les avantages des deux genres.

A part dans les grandes cités, je n'ai pas rencontré en Perse, sur un trajet de quinze cents kilomètres, des fortifications valant mieux que celles de Simba-mouenni. Là-bas les murailles sont en pisé, même celles de Casvin, de Téhéran, d'Ispahan et de Chiraz. Celles de la ville africaine étaient en pierre ; aux quatre angles, une tour, également en pierre et bien construite, les défendait. L'enceinte, à double rang de meurtrières, pour la mousqueterie, enceinte qui renfermait un espace de huit cents mètres carrés, était percée de quatre ouvertures, regardant les quatre points cardinaux, et situées à égale distance des tours. D'énormes portes, fermaient ces ouvertures; elles étaient en bois de tek du pays et couvertes des arabesques les plus fines et les plus compliquées.

D'abord ces dessins me firent croire que ces portes étaient venues de Zanzibar, d'où on les aurait envoyées en détail; mais, comme les grandes maisons de la ville en avaient d'analogues, je pense qu'elles ont été faites et ciselées par des artistes indigènes.

La demeure royale pareille aux maisons de la côte était un long bâtiment carré, avec une grande toiture à pente rapide, dépassant de beaucoup la muraille, et abritant une véranda.

Ce palais appartenait alors à une sultane, la fille d'un nommé Kisabengo, célèbre chasseur d'hommes,

qui fut la terreur de six provinces. D'une humble
origine, mais doué d'une force remarquable, d'une
parole éloquente, d'un esprit souple et amusant, ce
Théodoros au petit pied acquit aisément de l'influence
sur les esclaves marrons qui le reconnurent pour chef.
La justice s'en mêla ; Kisabengo prit la fuite, et arriva
dans le Cami, province qui, à cette époque, s'étendait
du Couéré au Sagara. Le bandit commença dès lors
une vie de rapine et de conquête, dont le résultat fut
d'obliger les gens du pays à lui céder un immense
terrain dans leur superbe vallée. Il sut y choisir le
plus admirable site, et fonda sa capitale qu'il appela
Simbamouenni, la *Cité-Lion*, c'est-à-dire la plus
forte.

Dans sa vieillesse, l'heureux voleur d'hommes
changea son nom pour celui qu'il avait donné à sa
ville ; et, en mourant, il voulut que sa fille, à laquelle
il laissait le pouvoir, prît également ce nom royal.

Nous faisions halte depuis trois jours, lorsque je vis
arriver des notables de Simbamouenni, qui venaient
de la part de leur souveraine chercher le tribut que
Sa Hautesse croit pouvoir exiger. Mais, comme il est
d'usage de n'imposer qu'un tribut au propriétaire
d'une caravane, si divisée qu'elle soit, et que Farquhar avait acquitté ma dette, comme les ambassadeurs le reconnaissaient d'ailleurs, je répondis à ces
derniers qu'il ne serait pas loyal de me faire payer deux
fois. Les notables répliquèrent par un *Ngema* (très-
bien), et me promirent de porter ma réponse à leur
souveraine. Cependant la prétention devait se renou-
veler et avoir des conséquences assez désagréables.

CHAPITRE III

La contrée que nous venions de traverser et qui
forme la région maritime est d'une grande fertilité et
a près de deux cents kilomètres en largeur.

Un chemin de fer de Bagamoyo à Simbamouenni
serait bien moins coûteux, bien moins difficile à établir, que celui du Far-Ouest [1], et, après en avoir

1. C'est le chemin de fer qui va de Saint-Louis sur le Missis-
sipi à San Francisco sur l'Océan pacifique. Voir notre *introduction*
aux Voyages du capitaine Burton, p. xv. — J. B.

3

aménagé les eaux, on habiterait cette région sans plus
de danger que tout autre pays neuf. Je n'y ai pas vu,
dans le jour, le thermomètre s'élever à plus de vingt-
neuf degrés et demi centigrades. La seule chose à re-
douter pour le colon serait la férocité des mouches que
nous avons décrites, et qui rendraient difficile l'élève
du bétail, jusqu'au moment où l'on aurait défriché
les jungles et une portion des forêts.

Pendant que je rêvais à ce projet, la pluie tombait
incessamment.

L'endroit que nous occupions, en deçà de l'Ougérengeri, était un foyer de pestilence, affreux à la vue,
odieux à la mémoire. Les ordures accumulées par des
générations de porteurs, avaient réuni là des myriades
d'êtres grouillants et rampants : fourmis noires,
rouges et blanches, qui infestaient le sol ; vers et mille-
pieds de toute couleur, qui grimpaient sur toutes les
tiges, se traînaient sur toutes les herbes ; guêpes à
tête jaune, aussi venimeuses que le scorpion, et dont
les nids pendaient à chaque broussaille ; énormes sca-
rabées, de la taille d'une souris, qui faisaient et qui
roulaient des boules de fumier ; vermine de toute
grosseur, de toute nuance et de tout genre. Aucune
collection d'entomologie, pour le nombre et pour la
variété, ne peut rivaliser avec celle qu'offraient les
parois de ma tente.

Le 23 avril, nous profitâmes d'une éclaircie pour
franchir le bourbier qui nous séparait de la rivière.

Je me suis toujours trouvé plus à l'aise, plus léger
de corps et d'esprit lorsque j'étais en marche que pendant ces interminables jours de halte, où, rongé d'im-

patience, je me révoltais contre des retards que nul effort ne pouvait éluder.

Au pied d'un long coteau, sillonné d'eaux murmurantes, nous trouvâmes un khambi [1], dont les huttes étaient bien faites, et que les indigènes appellent Simbo. Nous nous y arrêtâmes.

La grande plaine que nous avions vue des hauteurs était maintenant en face de nous; cette plaine est la vallée de la Macata. Elle nous a laissé d'affreux souvenirs. Le sol fangeux y est d'une tenacité singulière, et rend la marche horriblement fatigante : dix heures pour faire seize kilomètres.

Le surlendemain était jour de halte. Tandis que Bombay allait à la recherche d'un ballot perdu, j'envoyai trois soldats à Simbamouenni avec ordre de s'informer du cuisinier Bander, qui s'était sauvé ; de le ramener, s'ils le retrouvaient, et d'acheter du grain pour trois dotis, achat qui, dans cette solitude, nous était indispensable.

Trois jours s'écoulèrent sans que mes hommes revinssent ; c'étaient Kingarou et les deux Mabrouki.

Enfin reparut Bombay ; il n'avait rien retrouvé. Je lui enlevai son grade, et j'envoyai Shaw voir ce que devenaient les autres. Il rentra le soir avec une forte fièvre, un accès de *moukoungourou;* mais il ramenait les trois soldats, qu'il avait rencontrés à moitié chemin, et qui me firent le rapport suivant :

---

1. *Khambi* et *Boma*, deux mots qui désignent une estacade ou un camp situé près de l'eau et entouré d'une palissade épineuse. — J. B.

Arrivés à Simbo vers deux heures du matin, ils en avaient battu les environs, cherchant partout les pas du cuisinier, ainsi que les traces de l'âne. Ne doutant pas que Bander n'eût été assassiné, ils avaient gagné Simbamouenni en toute hâte et y avaient exposé à la souveraine leur accusation, telle qu'ils la croyaient fondée. Celle-ci avait fait retrouver l'âne de Bander; mais, possédant l'énergie et la cupidité de son père, elle avait demandé à mes hommes pourquoi je n'avais pas payé le tribut qu'elle avait envoyé chercher. Mes hommes, ne sachant rien de mes affaires, n'avaient pas pu répondre. La fille de Kisabengo leur avait alors signifié qu'elle se payerait elle-même, non-seulement en gardant l'âne et sa charge, mais en leur prenant leurs armes, qui formeraient sa part; les effets du cuisinier seraient pour ses gens; en outre, on mettrait aux fers, eux, mes soldats, jusqu'à ce que leur maître vînt les délivrer.

L'exécution avait suivi les paroles; et mes trois hommes étaient enchaînés depuis seize heures sur la place du marché, exposés à tous les quolibets de la foule, quand un Arabe que j'avais rencontré à Kingarou, le cheik Thani, les avait reconnus. Après avoir écouté leur histoire, il s'était rendu près de la sultane et lui avait démontré son imprudence.

« L'homme blanc, avait dit l'excellent Arabe en exagérant sans scrupule, le mousoungou a deux fusils qui peuvent tirer quarante coups sans s'arrêter, et qui envoient leur plomb à une demi-heure de marche. Je ne parle pas d'autres fusils, dont la charge est effrayante. Il a des balles qui éclatent et qui mettent un homme en pièces. Du haut de la montagne, il exterminerait tous les gens de la ville, hommes, femmes, enfants et guerriers, avant que pas un de vos soldats pût arriver au sommet. Il viendra; ce sera la guerre; la route sera fermée. Le sultan de Zanzibar marchera contre vous; les hommes de l'Oudoé et ceux du Cami prendront leur revanche; et de la cité de votre père ils ne laisseront pas pierre sur pierre. Délivrez les soldats du mousoungou; faites-leur donner le grain qu'ils demandent, et laissez-les partir avec tout ce qu'ils réclament; car peut-être l'homme blanc est-il déjà en route pour vous attaquer. »

Ce tableau de ma puissance avait produit un bon effet, puisque mes soldats avaient été relâchés, et qu'on leur avait fourni assez de grain pour nourrir tous mes hommes pendant quatre jours; mais, des objets qu'on leur avait pris ou qui appartenaient au cuisinier, on ne leur avait rendu, avec le baudet, qu'un fusil, le quart de leurs munitions, une paire de lunettes, un livre imprimé en caractères du Malabar, et un vieux chapeau, dont personne ne croyait plus revoir le propriétaire.

Dès que mes hommes avaient été libres, Thani, le bon Arabe, les avait emmenés à Simbo; et c'était dans son camp, où ils étaient comblés de riz et de beurre fondu, que Shaw les avait recouvrés.

A ce récit, mon indignation n'eut pas de borne; et, si j'avais été près de la dame, je m'en serais vengé sur ses faubourgs. Mais ces quatre jours d'attente m'avaient paru si longs que, dans ma joie de revoir mes trois soldats, ma colère ne put se soutenir; et je me félicitai bientôt de ce que le mal n'avait pas été plus grand. Enfin le discours de l'Arabe était une pièce assez risible.

Le soir même, j'écrivis le récit du fait à l'adresse du consul des États-Unis, afin que le Sultan pût connaître les deux côtés de l'aventure qui se rattachait à la disparition du cuisinier. Mais nous étions pressés de quitter un endroit où nous avions eu tant d'inquiétude, et nous levâmes le camp malgré une pluie torrentielle, qui en toute autre circonstance nous eût empêchés de partir.

Quand nous atteignîmes la Macata, fleuve formé par la Roudéhoua et par la rivière appelée Moucondocoua dans le Sagara, nous lui trouvâmes un courant si rapide et si dangereux à franchir sur un pont vacillant et à demi submergé, que le transport des bagages d'une rive à l'autre demanda cinq grandes heures. A peine avions-nous déposé sur le bord tous ces ballots, dont, grâce à des soins excessifs, pas un n'avait été mouillé, qu'une pluie torrentielle les trempa, comme s'ils fussent tombés dans la rivière.

Essayer de franchir le marais causé par ce déluge devenait hors de question. Il nous fallut donc camper dans un lieu où chaque heure apportait sa part d'ennuis.

Kingarou, l'un de nos soldats, profita de l'occasion pour s'enfuir avec l'équipement d'un camarade. Oulédi et Sarmian, tous deux armés de carabines se chargeant par la culasse, furent envoyés à sa poursuite, et partirent avec une célérité de bon augure. Effectivement, ils revinrent une heure après, avec le fugitif. Ils l'avaient trouvé chez Kigondo, un chef de village qui demeurait de l'autre côté de la rivière, à une distance d'un kilomètre et demi, et qui arrivait avec mes trois hommes pour recevoir sa récompense.

Après avoir enfermé notre déserteur, Kigondo avait vu venir ceux qui le poursuivaient. « Maîtres, leur « avait-il crié, qu'est-ce que vous cherchez comme « cela ? — Nous cherchons, répondirent-ils, un homme « qui a déserté notre maître; voilà ses pas; s'il y a « longtemps que vous êtes là, vous avez dû le voir. « Pourriez-vous nous dire où il est ? — Oui, que nous « leur avons dit; il est chez nous; si vous voulez venir, « nous vous le rendrons; mais votre maître nous ré-« compensera pour l'avoir pris. »

Mon déserteur fut mis aux fers, après avoir reçu vingt-quatre coups de fouet. Quant au bon chef, je lui donnai quatre mètres d'étoffe, et à sa femme cinq rangs de perles rouges, dites de corail, ou samé samé.

L'averse que nous venions de subir devait clore la saison. La première avait eu lieu le 23 mars, nous étions au 30 avril. Ainsi la masica n'avait duré que trente-neuf jours.

Après deux journées de barbotage, nous atteignîmes la Roudéhoua, qui formait alors une rivière coulant à pleins bords. Comme nous sortions du fourré qui couvre la rive droite de l'un de ses affluents, nous nous trouvâmes en face d'une immense nappe d'eau, d'où émergeaient les cimes d'arbres épars avec des touffes d'herbes largement disséminées, et que bornaient les montagnes du Sagara, éloignées d'une vingtaine de kilomètres. Nous ne pouvions pas nous arrêter dans cette situation; je fis donc avancer les soldats et les ânes, que suivirent les pagazis; et, après avoir pataugé de nouveau trois heures dans quatre pieds d'eau, nous abordâmes sur une terre sèche.

Le marais était franchi; mais les horreurs de cette marche nous avaient laissé une impression durable. Personne ne pouvait en oublier les fatigues, ni les nausées. Impression douloureuse que la suite rendit encore plus vive. A dater de cette époque, nos ânes moururent par deux et trois chaque jour; il n'en resta plus que cinq, entièrement épuisés. Soldats et porteurs eurent des maux sans nombre; moi-même, je fus mis aux portes du tombeau par une dyssenterie aiguë.

Le 4 mai, après avoir monté une faible pente, nous nous arrêtâmes à Rennéco, premier village du Sagara où nous ayons campé. C'est un gros bourg, placé au pied de la montagne, bien situé, en bel et bon air, et qui nous promettait à la fois santé et confort. D'épaisses murailles, bâties en argile et formant un carré, enferment ses huttes coniques, peuplées d'un millier d'âmes. Aux environs, sont d'autres villages riches et populeux.

Nous passâmes quatre jours dans cet agréable endroit pour nous remettre un peu, avant de tenter l'escalade des monts du Sagara; puis, malgré leur faiblesse, bêtes et gens gravirent les flancs abrupts des premiers degrés de la chaîne.

Arrivés au sommet, nous vîmes se déployer, comme en un tableau de maître, la vallée de la Moucondocoua, avec ses cours d'eau, semblables à des câbles d'argent que le soleil faisait étinceler; avec ses bois de palmiers, qui lui prêtaient leurs charmes; avec ses grandes lignes allant jusqu'aux monts Roubéhou et Roufouta, qui bleuissaient au loin et formaient un dernier plan, digne de cette vaste étendue.

Le 9, après une succession de montées et de descentes, qui, de la croupe d'un mont, nous faisait passer à des profondeurs crépusculaires, nous retrouvâmes brusquement, dans une étroite vallée, la Moucondocoua, une des grandes rivières qui contribuent à former la Macata.

Peu de temps après, nous atteignions la route que Burton et Speke ont suivie en 1857, et nous la croisions près de Cadétamaré, point qui doit être appelé Misonghi, le premier nom n'étant que celui d'un chef. Nous longeâmes pendant une heure la rive gauche de la Moucondocoua, route onduleuse, qui nous fit aller au sud-est, à l'ouest, au nord et au nord-est, pour parvenir à l'endroit où l'on passe la rivière.

Une demi-heure de marche, à partir du gué, nous conduisit à Kiora, sale bourgade, pavée de crottes de chèvre, et ayant un nombre extraordinaire d'enfants pour un hameau de vingt maisons. En y arrivant, je vis de loin la tente de Farquhar, perchée sur un tas de fumier. Dès qu'il entendit ma voix, Farquhar se traîna hors de sa demeure, ce qu'il n'avait pas fait depuis quinze jours. Je n'aurais jamais reconnu mon joyeux marin, parti de Bagamoyo si alerte et si pimpant! dans cet homme pâle et bouffi, aux jambes éléphantines.

Une colline aérée dominait le village; j'y fis établir

notre boma [1] ; et, lorsque ma tente fut dressée, j'y fis porter le malade.

Interrogé sur son état, Farquhar me dit qu'il ne savait pas d'où cela lui était venu et qu'il n'éprouvait aucune douleur. La seule chose qu'il accusât nettement, c'était le mauvais état de ses jambes, horriblement gonflées. « Il avait un appétit de cheval, et n'en était pas moins faible. »

Si Farquhar fût allé jusqu'au Mouézi, il ne m'aurait laissé ni une choukka, ni une perle. J'étais fort aise de l'avoir trouvé en route; mais qu'en faire? Je ne pouvais pas le laisser à Kiora : il y serait mort avant peu. Et comment l'emmener? depuis les marécages de la vallée de la Macata, la petite charrette n'allait plus, les ânes manquaient. Je lui donnai le mien et nous partîmes.

Le 11 mai, la troisième et la cinquième bandes, actuellement réunies, suivaient la rive droite de la Moucondocoua. Elles la passèrent de nouveau, treize kilomètres plus loin. Là, plus de végétation exubérante, aux effluves suffocants; plus de vallées fécondes; un sol aride et la flore du désert : aloès, cactus, euphorbes arborescents, arbustes épineux. Plus de forêts sur les hauteurs; mais des roches pelées et blanches.

Le lendemain matin, en apprenant l'absence de Shaw, je supposai que mon contre-maître ignorait que nous avions à faire cinq étapes dans une contrée déserte; je lui envoyai donc Choupérê, un de mes soldats, avec le billet suivant :

1. Voir une note précédente, page 35.

« A la réception de cet ordre, jetez dans la rivière, dans un fossé, dans le ravin le plus proche, la voiture, ainsi que les bâts que vous avez de trop. »

Quatre heures s'écoulèrent; à bout de patience, j'allai au-devant des traînards. A quatre cents mètres, je vis Choupérê, ayant la voiture sur la tête, y compris les roues, les brancards, les essieux. Il avait trouvé plus commode de la porter que de la traîner.

Ce transport, en contradiction formelle avec l'ordre que j'avais donné, m'exaspéra; et la charrette alla rouler dans les grandes herbes, où elle fut enfin laissée.

Le 14, nous arrivâmes au lac du Gombo, dont la rive, jusqu'à seize mètres au moins du bord de l'eau, est un marais infranchissable, rempli de joncs et de grandes herbes, où l'hippopotame s'ouvre un passage et creuse des canaux qui sont les traces de ses excursions nocturnes. J'y demeurai deux jours. L'examen des environs, surtout de la plaine occidentale, m'a persuadé que je voyais le reste d'un lac dont l'étendue fut jadis celle du Tanguégnica. Une crue de quatre mètres lui donnerait, encore aujourd'hui, cinquante kilomètres de long sur seize de large; une de dix mètres porterait sa longueur à cent soixante kilomètres et sa largeur à quatre-vingts.

Le 15 fut tristement marqué par un différend où je m'emportai jusqu'à faire rouler d'un coup de poing à terre maître Shaw, pour le punir de son insolence; cela me valut, le soir, un coup de fusil tiré par lui dans ma tente et que j'eus l'air d'attribuer à une maladresse.

Le 18, exténué par les marches précédentes qui

avaient été d'au moins vingt-cinq kilomètres par jour, je me rendis aux conseils du cheik Thani, dont la caravane s'était, ainsi que d'autres, réunie à la mienne, et je résolus de faire halte dans une région si plantureuse.

Ce fut dans l'un des nombreux villages de cet heureux district que je trouvai un asile pour Farquhar. La nourriture n'y était pas moins variée qu'abondante et s'y vendait beaucoup moins cher que les mauvaises denrées que nous achetions depuis longtemps. Le chef se nommait Leucolé. Petit vieillard à l'œil doux, à la figure agréable, il ne demandait pas mieux que de veiller sur le malade; mais il exigeait que celui-ci eût un de mes hommes pour le servir. Malheureusement tous avaient peur de lui. J'usai donc d'autorité, et, comme Jako était, avec Sélim et Bombay, le seul qui parlât anglais, je le désignai, malgré lui, pour tenir compagnie à Farquhar. Leucolé en fut satisfait.

Quant à moi, séduit par la vue de ses pentes boisées, par la pureté de ses ruisseaux, que bordent des massifs buissonnants, de gracieux mimosas et d'énormes sycomores; par ses grands cônes, derrière lesquels je me représentais de riantes perspectives, je bravai la fatigue d'escalader la chaîne des monts Bambourou. Mon amour du pittoresque ne fut pas désappointé. D'ailleurs on se sent renaître sur ces hauteurs que la brise rafraîchit; on redevient fort en buvant cet air pur. Mes courses me procuraient une faim dévorante et j'étais heureux de trouver les bonnes choses que produit la localité. Néanmoins, si le laitage du Mpouapoua reste dans notre souvenir reconnaissant, il ne nous fait pas oublier que ce district est odieusement infesté de perce-oreilles. Après eux, venaient comme importance et comme nombre, les fourmis blanches, dont le pouvoir destructeur est tout simplement terrifiant. Porte-manteaux, nattes, vêtements, étoffe ; bref, tout ce que j'avais semblait devoir disparaître ; je craignais que ma tente ne fût dévorée pendant mon sommeil. Enfin, après une halte de trois jours, je me décidai à reprendre la marche.

Le 22 mai, toutes nos caravanes, celle de Thani, celle de Hamed, cinq ou six autres et la mienne, se réunissaient à Cougno, station qui est à trois heures et demie de celle de Mpouapoua. Ce village, protégé par les montagnes, ne sent rien des rafales qui tombent des pentes voisines ; mais l'eau y est exécrable ; c'est à elle que la plaine déserte, qui sépare le Sagara du pays de Gogo, doit le nom de Marenga-Mkhali, c'est-à-dire *eau amère*.

Cette eau tua cinq de mes meilleurs ânes, ne m'en laissant plus que quatre, dont pas un n'était bien portant.

Notre caravane, à la sortie de Cougno, était réellement imposante : près de quatre cents hommes, beaucoup de fusils, des drapeaux, des tambours, des trompes, des cris et des chants, un bruit effroyable.

La bande était conduite par le cheik Hamed, qui avait reçu de Thani et de moi-même, la mission de la commander ; notre choix n'était pas heureux.

Hamed était un tout minime personnage, petit et mince, qui compensait l'exiguité de ses proportions par une activité dévorante. Jamais de repos. Même dans les haltes, on voyait ce Petit-Poucet toujours allant, venant, furetant, s'agaçant, dérangeant tout, et troublant tout le monde.

Nos ballots ne devaient pas être mêlés, ni déposés trop près des siens, ni rangés de telle manière. Il avait une façon à lui d'empiler ses bagages, et restait là pour les faire entasser. Du premier coup d'œil, il choisissait le meilleur endroit pour y planter sa tente, et ne souffrait pas qu'on empiétât sur son terrain. A le voir si frêle, on se serait imaginé qu'après une marche de vingt à vingt-cinq kilomètres il eût été heureux d'abandonner ces menus détails à ses gens; mais non; rien ne pouvait être bien fait s'il n'était là; d'ailleurs infatigable : le mot lassitude n'existait pas pour lui.

De Cougno au pays de Gogo, la distance est de quarante-huit kilomètres et doit être franchie en trente-six heures, ce qui fait plus que doubler la fatigue ordinaire.

Je m'étais figuré que le Gogo était un plateau escarpé, dominant le désert d'à peu près cent mètres, et révélant tout à coup son étendue et sa richesse. Au lieu de cela, je trouvai une transition insensible : à la sortie d'herbes folles, un horizon borné par des tiges de sorgho, dans les limites les plus étroites; des collines entrevues par hasard, un sol toujours aride.

Les premières paroles qui frappèrent mon oreille dans cette province sortirent de la bouche d'un homme d'un certain âge, aux formes robustes, qui soignait des vaches avec indolence, mais qui, à mon approche, témoigna vivement de l'intérêt qu'avait pour lui cet

jeunes et vieux des deux sexes formèrent sur notre passage une foule aussi compacte que hurlante.

Le 4 juin, nous arrivions dans le Moucondoucou proprement dit. Cette extrémité du Gogo est excessivement populeuse. Trente-six villages entourent le tembé de Souarourou, chef du district. Les gens qui accoururent de ces bourgades pour voir les hommes merveilleux dont la figure était blanche, dont le corps était couvert de choses si étonnantes, et qui avaient des armes surnaturelles, « faisant boum-boum aussi vite que l'on peut compter ses doigts; » les gens qui accoururent formèrent une foule si nombreuse qu'il me parut d'abord impossible que la curiosité fût le seul but de leur réunion.

Il vint alors un homme important, qui chapitra la foule; j'appris plus tard que ce personnage était le second du district.

« Hommes du Gogo, s'écria-t-il, ne savez-vous pas que cet homme blanc est un mtémi (chef du rang le plus élevé)? Il ne vient pas ici comme les Arabes pour acheter de l'ivoire, mais pour nous visiter et pour nous faire des présents. Pourquoi le tourmentez-vous, pourquoi troublez-vous son peuple? Laissez-les passer en paix, lui et sa caravane. Si vous désirez le voir, approchez-le; mais sans vous moquer de lui. Le premier d'entre vous, écoutez bien ; le premier qui fera du désordre, sera dénoncé à notre grand-chef, qui veut que ses amis soient bien traités. »

Nous arrivâmes au khambi, qui, dans ce pays, est toujours situé sous un grand baobab, à un millier de pas de la résidence du chef.

Les curieux nous entouraient en grand nombre et nous serraient de près.

Tout à coup il se fit un silence tellement profond que je sortis pour voir quelle en était la cause. Thani et le ministre venaient d'arriver. « A vos tembés, hommes de Gogo! à vos tembés, cria celui-ci. Pourquoi troubler ces voyageurs? Qu'avez-vous à faire avec eux? A vos tembés, vous dis-je; à vos tembés! Tout Gogien qui sera trouvé dans le camp sans avoir rien à vendre, ni bétail, ni farine, ni denrée quelconque, paiera au mtémi soit de l'étoffe, soit des vaches. »

Il prit un bâton et chassa la foule devant lui. Les naturels étaient là par centaines; chacun lui obéit comme un enfant; et pendant les deux jours que nous restâmes dans cet endroit, pas un curieux ne vint nous déranger.

La question du tribut fut de même réglée en peu de mots, grâce au ministre, avec lequel elle fut traitée.

Pour aller du Moucondoucou au Gnanzi, on peut choisir entre trois routes différentes. Je me résolus à prendre celle qui est entre les deux autres et conduit à Kiti, malgré les porteurs qui préféraient la route du midi passant par Kiouhyê.

En conséquence le lendemain, 7 juin, les trois caravanes prirent la route de Kiti sous la conduite du kirangozi de Hamed. Chacun avait l'air content; mais nous n'étions pas en route depuis une demi-heure, quand je m'aperçus d'un changement de direction : par un détour habile, on nous rapprochait rapidement d'une gorge qui débouchait sur le plateau de Kiouhyê et sur la route du midi.

Je réunis mes gens et je priai Bombay de leur dire que l'homme blanc ne revenait jamais sur ce qu'il avait résolu ; et que ma caravane se rendrait à Kiti, quelle que fût la route que prissent les Arabes. Puis j'ordonnai à un vétéran qui connaissait le chemin, de le montrer à mon kirangozi.

Mes porteurs déposèrent leurs ballots et je vis des symptômes de révolte; mais j'en vins aisément à bout.

Me tournant alors du côté des Arabes, je me disposais à leur faire mes adieux, lorsque Thani s'écria : « Attendez-moi, Sahib. J'en ai assez de ce jeu d'enfant; je vais avec vous. » Et sa caravane fut dirigée vers la mienne.

A ce moment-là, celle de Hamed touchait au défilé; mais nous n'étions pas arrivés à celui de Kiti, qu'elle accompagnait la nôtre.

L'eau que nous bûmes à Mouniéca fut puisée dans le creux profond d'une roche de syénite ; une eau limpide comme du cristal et froide comme de la glace. Boire de l'eau froide ! C'était un luxe que nous n'avions pas connu depuis notre départ de Simbamouenni.

Le lendemain, à sept heures du matin, la corne du kirangozi vibra tout à coup plus fort et plus allègrement qu'elle ne le faisait depuis dix jours : la caravane entrait dans le Gnanzi, ou, pour nous servir d'un nom plus connu, dans le Mgounda-Mkali, mot qui signifie *Champs embrasés* [1].

. 1. Ce désert est un sujet d'effroi pour le voyageur: mais sa

Je n'avais pas encore vu de paysage si pittoresque depuis que j'étais en Afrique. D'énormes ondulations de terrain ; puis, çà et là, des collines et des rochers de syénite, figurant d'anciennes forteresses, donnaient au bois un aspect fantastique. On aurait cru voir un coin de l'Angleterre à l'époque féodale.

Il était près de cinq heures, lorsqu'on fit halte. Nous avions marché trente-deux kilomètres ; tout le monde avait besoin de repos.

A une heure, la lune étant levée, Hamed sonna du cor et nous cria : « En marche ! » Évidemment il était fou. Un murmure de profond mécontentement répondit à son appel. Néanmoins, présumant qu'il avait pour nous réveiller à cette heure indue quelque bonne raison, cheik Thani et moi nous ne lui fîmes pas de remontrances, attendant ce qui arriverait pour juger de sa conduite.

Toute la bande était maussade ; la marche fut silencieuse. Nous étions à quatorze cents mètres au-dessus de la mer, et le thermomètre ne marquait pas douze degrés. La rosée était froide comme du givre ; les porteurs, presque nus, hâtaient le pas pour se réchauffer ; beaucoup d'entre eux se blessèrent en se heurtant les pieds contre le roc, ou en marchant sur des épines.

Arrivés à la halte, nous nous jetâmes par terre ; et chacun de s'endormir. Pour moi, ce fut d'un profond sommeil.

mauvaise renommée sera bientôt traditionnelle, car chaque jour la torche et la cognée en restreignent les proportions. (*Capitaine Burton*, p. 147 de notre édition de ses voyages). — J. B.

Quand je m'éveillai, il était grand jour ; le soleil me flamboyait dans les yeux. Hamed était parti depuis deux heures. Il avait voulu emmener Thani, qui avait refusé de le suivre, en lui montrant sa déraison, et qui me demanda ce que j'en pensais. Je déclarai que c'était de l'extravagance.

Jamais station n'avait été meilleure : une eau excellente, et, ainsi qu'on l'avait dit au vieux cheik, les vivres en abondance : six poulets pour deux mètres de calicot ; un mouton pour le même prix, ou six mesures de grain, sorgho, millet ou maïs ; — bref, un pays de cocagne.

Les provisions abondaient également à Kiti où nous allâmes ensuite, et ne s'y vendaient pas cher. Cette bourgade était alors peuplée d'hommes de Kimbou, venus des environs du Rori ; gens paisibles, préférant l'agriculture aux combats et l'élève du bétail aux conquêtes. Au moindre bruit de guerre, ils emmènent leurs familles et leurs troupeaux dans quelque lieu inhabité, où ils commencent aussitôt à défricher le sol et à chasser l'éléphant pour en prendre l'ivoire. C'est néanmoins une belle race, bien armée, et paraissant capable de se mesurer avec n'importe quelle tribu du voisinage. Mais la désunion l'affaiblit. Ses petites communes, régies par des chefs indépendants les uns des autres, ne sauraient se défendre ; tandis que, groupées autour d'un pouvoir qui leur servirait de lien, elles présenteraient à l'ennemi des forces respectables.

Le 13 juin, nous étions à Cousouri, dernier village du Mgounda-Mkali, district de Djihoué la Singa.

Je m'y arrêtai. Les marches précédentes avaient

été fort longues, et un jour de halte me semblait nécessaire avant de s'engager dans la solitude qui sépare
le Djihoué la Singa du district de Toura.

Nous arrivâmes, le 15, à Mgongo-Tembo.

En 1857, lors du passage de Burton et de Speke,
Mgongo-Tembo était un établissement prospère, ven-
dant aux voyageurs le produit de ses cultures [1]. Mais,
en 1868, plusieurs caravanes ayant subi des voies
de fait de la part de ses habitants, les Arabes du
Mouézi attaquèrent ses bourgades, y mirent le
feu et anéantirent l'œuvre de quinze années de travail. Nous ne trouvâmes à la place de ses villages que
des débris carbonisés, et des épines où avaient été des
jardins.

Malheureusement, je n'avais pas, comme Burton,
pour guide un Kidogo sachant se faire obéir. Si je l'a-
vais eu, je l'aurais, ce me semble, autrement estimé
que ne l'a fait mon prédécesseur [2]. Que de fois j'ai
soupiré après un pareil aide, lorsque mon éloquence
échouait contre l'apathie de mes hommes! J'étais obligé
de recourir aux menaces, voire de frapper à droite et
à gauche pour réveiller soldats et porteurs. Une tiri-
kéza [3] devenait-elle nécessaire? il me fallait en donner
l'ordre; personne ne l'eût demandée, si importante
qu'elle fût; bien loin de là, j'avais à couper court aux

1. Burton. *Voyages aux grands Lacs*, p. 251. édit. compl.
(H. L.)

2. Voir dans le *Voyage aux grands Lacs*, p. 128, le portrait
de cet homme remarquable. (H. L.)

3. Les marches ordinaires ont lieu dans la matinée ; celles qui
s'étendent sur l'après-midi ou jusque dans la soirée sont des
tirikéẓas. — J. B.

paroles de Bombay, qui plaidait le repos, et à faire claquer mon fouet pour chasser du camp toute la bande.

Je reçus donc le guide assez durement, et lui repro-
chai la sottise qu'il avait de ne pas songer qu'à l'heure
des gratifications, heure qui allait bientôt sonner, je
me rappellerais qu'au lieu de m'obéir il avait écouté
l'avis des autres.

« Combien les porteurs vous ont-ils donné, lui demandai-je, pour faire de petites marches et de longues haltes?

— Pas un n'y a pensé, dit-il. Je n'ai rien reçu
d'aucun d'eux.

— Et combien d'étoffe pourriez-vous avoir de moi,
si j'étais satisfait ?

— Oh! beaucoup, beaucoup!

— Reprenez donc votre charge ; et d'ici au Mouézi,
faites preuve de bon vouloir. »

Il promit solennellement de ne plus écouter que
mes ordres, de marcher aussitôt que je le voudrais, de
ne se reposer que quand je le trouverais nécessaire.

On se mit en route; et, fidèle à sa promesse, le kirangozi ne s'arrêta qu'au Roubouga central, malgré
l'émoi de toute sa suite, qui le croyait devenu fou :
près de trente kilomètres sans faire de halte ; lui qui
n'en avait jamais fait vingt-six sans couper la marche
en deux !

« Le Roubouga, dit Burton, est renommé pour sa
viande, pour son laitage, son beurre fondu, son miel,
et nous y fîmes bonne chère [1]. » On pouvait encore

1. *Voyage aux grands Lacs*, p. 275. (H. L.)

juger de l'ancienne richesse de ce territoire par l'étendue de ses cultures. De chaque côté de la route, sur
un espace de nombreux kilomètres, les champs de
grain se succédaient, mûrissant leurs épis au milieu
des gommiers, des mimosas, des cactus, qui bientôt
devaient les faire disparaître. C'était là tout ce qui
restait de la prospérité de ce district autrefois si populeux, si riche en troupeaux et en abeilles.

Arrivés à Kigoua, après une route de cinq heures,
nous eûmes sous les yeux le même tableau qu'à Roubouga, les effets de la même vengeance : un pays dé-
vasté.

A peu près une demi-heure avant d'atteindre Chiza,
nous découvrions la plaine ondulée où se trouve le
principal établissement des Arabes.

Le chef du village, désirant me mettre en fête, m'envoya une jarre contenant vingt et quelques litres de
pombé. Cette bière, dont la couleur était celle d'une
eau laiteuse, et le goût celui d'une ale éventée, me
parut peu agréable. Je m'en tins au premier verre et
donnai le reste à mes hommes qui en firent leurs dé-
lices. J'y ajoutai un bouvillon, que le chef m'avait
cédé au prix de dix-huit mètres de calicot, et qui fut
tué immédiatement.

Pour toute ma bande la nuit fut courte ; longtemps
avant l'aube, les tranches de bœuf crépitaient sur la
braise, afin que les estomacs pussent encore une fois
se réjouir avant de quitter l'homme blanc, dont ils
avaient si souvent connu les largesses.

Le repas terminé, on donna six charges de poudre
aux hommes qui avaient des fusils et qui devaient

annoncer notre approche aux établissements arabes.

Tous les porteurs étaient en grande tenue, pas un qui n'eût sa plus belle choukka; les moins riches, en calicot tout neuf; les autres, en étoffes voyantes, cotonnade à raies ou à carreaux, soie et coton ou drap rouge.

Le signal retentit; la caravane s'ébranla toute joyeuse, drapeaux déployés, cors et trompettes sonnants. Après une marche de deux heures et demie, j'aperçus des Arabes qui se dirigeaient vers moi. Je m'avançai la main tendue; elle fut immédiatement saisie par le cheik Séid ben Sélim et ensuite par vingt autres.

Ce fut ainsi que nous entrâmes dans le pays de Gnagnembé, un district du Mouézi.

CHAPITRE IV

SÉJOUR A COUIHARA.

Bon accueil des Arabes établis à Tabora. — C'est le nom actuel de Cazê. — Je m'installe à Couihara. — Guerre contre Mirambo. — La caravane envoyée par le consul Kirk est jointe à la mienne. — Défaite des Arabes dans la forêt d'Ouillancourou. — Je refuse de continuer de prendre part à la guerre. — Nouvelles de Livingstone. — Farquhar est mort. — Mirambo brûle Tabora. — Il est défait à Mfouto. — Malgré un découragement passager, je veux retrouver Livingstone.

Mkésihoua, chef des Mouésiens du Gnagnembé, résidait à Couicourou, qu'habitait également Séid ben Sélim, gouverneur de la colonie arabe. Celui-ci me pria de l'accompagner à sa demeure.

Sur notre passage, la foule était compacte. Les pagazis par centaines, les guerriers et leur chef, les enfants, noirs chérubins, entre les jambes de leurs parents, jusqu'aux bébés suspendus au dos de leurs mères : tous payaient de leurs regards fixes le tribut qui était dû à ma couleur. Mais l'ovation était muette : seuls, le vieux chef et les Arabes m'adressaient la parole.

La maison de Ben Sélim occupait l'angle nord-ouest
d'un enclos situé dans le village, et protégé par une
forte estacade. Le thé y fut servi dans une théière en
argent, accompagnée d'une cloche de même métal,
sous laquelle fumait une pile de crêpes. Je fus convié
à en prendre ma part. Un homme qui vient de faire
à jeun treize kilomètres en plein soleil, et qui naturellement a bon appétit, est dans d'excellentes condi-
tions pour partager le repas qu'on lui offre.

Après cette collation, les questions commencèrent,
politiques, commerciales, curieuses, cancannières,
futiles, graves, et, entre autres, celles-ci :

« Qu'est devenu cet Hadji Abdallah que nous
avons vu ici, il y a une douzaine d'années, avec
Spiki?

— Hadji Abdallah? Je ne le connais pas. Ah! si
fait : nous l'appelons Burton. Il est maintenant consul
à Damas, la ville que vous nommez El Cham.

— Heh-heh! belyouz! Heh-heh! à El Cham! N'est-
ce pas auprès de Bétlem el Koudis?

— Oui ; environ à quatre jours de marche.

— Et Spiki?

— Il s'est tué à la chasse.

— Ouallah! Spiki est mort? Triste nouvelle. Mach
Allah! Un homme excellent! excellent! Ough! Spiki
est mort!

— Dites-moi, cheik Séid : où est Cazê?

— Cazê? je ne sais pas.

— Comment! vous y étiez avec Burton, avec Speke,
et plus tard avec Grant. Vous y avez passé avec eux
plusieurs mois; cela doit être près d'ici. N'est-ce pas

chez Mousa-Mzouri que Hadji Abdallah et Spiki ont demeuré?

— Oui, mais à Tabora.

— Alors où est Cazê? Je le demande à tout le monde, personne ne peut me le dire. C'est pourtant bien ainsi que les trois voyageurs ont nommé la place où vous les avez connus. Vous devez savoir où est Cazê.

— Je n'ai jamais entendu ce nom-là. Mais, attendez : en idiôme local, *Cazê* veut dire royaume; peut-être ont-ils nommé ainsi l'endroit où ils se sont arrêtés en arrivant. Toujours est-il que je leur ai souvent rendu visite. Abdallah demeurait chez Snay ben Amir; plus tard, Spiki et Grant occupèrent le tembé de Mousa-Mzouri, et les maisons où je les ai vus sont toutes les deux à Tabora [1].

1. Mme H. Loreau, dans une note très-bien faite, remarque qu'il est impossible de douter que le nom de Cazê ait appartenu à cet endroit où Burton et Speke ont d'abord passé cinq semaines et où Burton a ensuite séjourné trois mois. Elle explique qu'il existait là une fontaine appelée Cazê et qui aura donné le nom à l'établissement que Snay et Mousa y fondèrent en 1852; elle cite une phrase de Speke qui tranche la question : « Cazê, dit ce voyageur, est à proprement parler le nom d'une fontaine située au centre du village de *Tabora*. » On peut voir d'ailleurs, dans une note mise à la page 40 de notre petite édition des *Sources du Nil*, quelle est l'origine probable des noms de lieu. Cela nous rappelle aussi un passage des *Souvenirs de l'Oberland* écrits par Francis Wey (p. 273 du volume intitulé *Le bouquet de cerises*) : « Comment nommez-vous cet endroit? demanda M. Adolphe « au premier qu'il rencontra. — Unterstock, répondit-on. — « L'homme qui le suivait ayant entendu la question, nous cria « en passant : Bottigen! ia, ia, Bottigen! — Nous étions fort « embarrassés. Le guide, qui était demeuré en arrière, nous

— Merci, cheik Séid. Maintenant je vous quitte ; il faut que j'aille retrouver mes hommes et que je leur fasse donner des vivres.

— Je vais avec vous, pour vous montrer votre demeure ; elle est à Couihara ; et, de chez vous à Tabora, il n'y a qu'une heure de marche. »

Comme nous approchions du tembé désigné, nous fûmes rejoints par quelques Arabes de distinction. Devant la grand'porte, mes pagazis, à côté de leurs ballots, faisaient courir les paroles à toute vapeur, racontant leur voyage à ceux des autres bandes, qui, à leur tour, disaient ce qui leur était advenu ; récits ardents et sonores ; un bruit de voix sans pareil. Nulle autre chose ne valait la peine d'être dite ; en dehors de leur cercle, évidemment, ils ne se souciaient de rien.

Toutefois, à notre arrivée, les langues s'arrêtèrent. Les chefs, ainsi que les guides, vinrent m'appeler leur maître et me saluer comme ami. L'un d'eux, le fidèle Barati, se jeta à mes pieds ; les autres déchargèrent leurs mousquets ; la frénésie devint générale, et un cri de bienvenue s'éleva de toutes parts.

« rejoignit alors, et dit : Nous voici à Benzenfluh. — Nous ne
« savions trop qu'en penser, lorsqu'une enfant sortit du pré,
« poursuivant sa vache, et nous apprit que nous étions devant
« Guttanen, ce qui accrut nos incertitudes. Enfin un essaim
« de jeunes filles, accourues sur le bord du chemin pour nous
« voir et nous offrir des morceaux de cristal de roche, inter-
« rogées à leur tour, s'écrièrent en chœur : Guttanen ! Gut-
« tanen ! Guttanen ! — En quelque lieu de la Suisse allemande
« que vous soyez, ne questionnez jamais plus d'une personne
« sur le nom des localités, si vous voulez savoir à quoi vous
« en tenir. » Ce qui est vrai de la Suisse allemande peut bien
l'être du centre de l'Afrique. — J. B.

« Veuillez entrer, me dit Ben Sélim; cette demeure
est la vôtre. Voici le quartier de vos hommes; voici
les magasins, la prison, la cuisine. Ici, vous recevrez
les Arabes. Cet appartement est celui de votre compagnon. Cet autre est pour vous : chambre à coucher,
salle de bain, soute aux poudres, arsenal, etc. »

Je trouvai très-confortable cette maison africaine.
Elle eût fait vibrer notre corde poétique, si nous
avions eu le temps d'avoir de ces transports ambi-
tieux; mais, pour le quart d'heure, il fallait serrer les
marchandises et solder les pagazis, dont l'engagement
expirait.

Le second jour de notre arrivée dans cet endroit,
que je regardais comme une terre classique, Burton,
Speke et Grant l'ayant visité et décrit, les hauts personnages de Tabora vinrent m'apporter leurs félicitations.

Tabora est l'établissement le plus considérable que
les traitants de Mascate et de Zanzibar aient au centre
de l'Afrique. Il renfermait à cette époque plus de
mille demeures, et l'on pouvait sans crainte porter à
cinq mille le nombre de ses habitants. Entre ce gros
bourg et Couihara, s'élèvent deux chaînettes de collines rocailleuses, séparées l'une de l'autre par un col
en forme de selle, d'où l'on découvre Tabora.

Mes visiteurs, des hommes pleins de noblesse et
d'élégance, formaient une belle réunion. La plupart
étaient de l'Oman; quelques-uns du Sahouahil. Chacun d'eux avait une suite nombreuse. Ils vivaient
tous dans une grande abondance, on pourrait dire
avec luxe.

La veille, ils m'avaient fait un magnifique envoi de provisions. Trois jours après, suivi de dix-huit de mes hommes galamment habillés, j'allai leur rendre visite.

J'arrivais juste au moment où allait se tenir un conseil de guerre et je fus invité à y prendre part, accompagné de Sélim, mon interprète.

Khamis ben Abdallah, homme brave et entreprenant, toujours prêt à soutenir les droits des Arabes et à défendre leurs priviléges, est celui qui, dans la guerre de 1860, tua le vieux Maoula, et qui, après avoir chassé Manoua Séra pendant cinq ans à travers le Gogo et le Mouézi, l'atteignit dans le Conongo, et eut la satisfaction de lui trancher la tête[1]. Cette fois il cherchait à soulever les Arabes contre un certain Mirambo, et à leur faire prendre l'offensive dans une guerre qui semblait imminente.

Ce Mirambo paraissait être en état d'hostilité chronique avec tous les chefs du voisinage. De simple pagazi, il était parvenu au rang suprême avec cette habileté des coquins sans âme, à qui tous les moyens sont bons pour s'emparer du pouvoir. Il commandait une bande de voleurs qui infestaient les bois situés entre Tabora et Mséné, lorsqu'il avait appris la mort du chef d'un district voisin. Immédiatement il s'était rendu dans cette province; et, moitié par force, moitié par la terreur qu'il inspirait, il s'y était imposé en qualité de souverain. Quelques entreprises auda-

1. Nos lecteurs retrouveront dans notre abrégé des *Sources du Nil*, chap. II et III, l'origine et les détails de cette guerre odieuse, qui a ruiné les pays environnant Cazê. — J. B.

cieuses, dans lesquelles ses partisans s'étaient enri-
chis, avaient affermi son autorité; depuis lors, son
audace n'avait plus connu de bornes. Ayant exterminé
les habitants sur trois degrés de latitude, il avait
cherché querelle à Mkésihoua, chef du Gnagnembé,
et faisait un grief aux Arabes de ce qu'ils refusaient
de le soutenir contre leur vieil ami. Enfin, il venait
de déclarer que désormais nulle caravane ne fran-
chirait ses États, à moins de lui passer sur le corps.

Le vieux cheik Séid ben Sélim, dont l'humeur
était pacifique, avait tout mis en œuvre pour fléchir
le tyran; mais celui-ci n'avait rien voulu entendre, et
répétait que le seul moyen de regagner ses bonnes
grâces était de le soutenir dans la guerre qu'il prépa-
rait contre Mkésihoua.

« Telle est la situation, dit Abdallah au conseil.
Mirambo n'en fait pas mystère : après avoir vaincu
les Vouachenzi [1], il veut nous vaincre à notre tour.
Il ne s'arrêtera qu'après avoir chassé les Arabes, écrasé
Mkésihoua et conquis le Gnagnembé. En sera-t-il
ainsi, enfants de l'Oman? Réponds, Sélim, fils de
Séif : devons-nous battre ce païen, ou retourner dans
notre île? »

Un murmure approbateur suivit cette apostrophe.
La majorité du conseil était composée d'hommes

---

1. Ce mot désigne généralement les hommes de l'intérieur
de l'Afrique ; on l'applique à ceux qui n'ont pas de tribu et
vivent de brigandages. Burton dit que ce sont des vaincus ou
des esclaves révoltés. Ces hommes nous ont l'air de ressembler
beaucoup à ceux qui s'appellent les Mazitous. V. notre édition
des *Explorations dans l'Afrique centrale* par D. Livingstone
p. 3o8. — J. B.

jeunes, impatients de châtier l'audace de Mirambo. Saoud, le beau jeune homme, fils de Séid, prit la parole : « Mon père, dit-il, se souvient des jours où les Arabes allaient de Bagamoyo à Djidji, et de Quiloa au Londa, sans autres armes que leurs bâtons de voyage. Ces jours sont passés. Voici Mirambo qui nous ferme la route. Renoncerez-vous à l'ivoire des pays de Djidji, de Roundi, de Caragoué et de Ganda, à cause de cet homme? Non; la guerre, la guerre! jusqu'au moment où nous tiendrons sa barbe sous nos pieds, jusqu'au jour où ses États seront détruits, et où nous passerons sans crainte, n'ayant à la main que nos seuls bâtons de voyage. » D'après l'assentiment qu'obtint ce discours, il était hors de doute qu'on allait se battre, et j'en fus fort inquiet.

On se rappelle la caravane que le Dr Kirk avait formée pour Livingstone, et qui était partie brusquement à la simple annonce de la visite du consul. Je l'avais retrouvée en arrivant à Tabora. Ainsi que les autres, elle s'était arrêtée par suite de la fermeture de la route. Pensant que la guerre lui ferait courir de grands risques, j'insinuai au chef des Arabes qu'il serait bon que les hommes qui la composaient vinssent loger avec les miens, afin que je pusse veiller sur leur cargaison. M. Kirk ne m'ayant donné aucun mandat à l'égard de ces marchandises, ne me les ayant pas même recommandées, je n'avais rien à dire à ceux qui en avaient la charge. Mais Ben Sélim, heureusement, partagea mes craintes; et Séid envoya porteurs et ballots chez moi.

J'eus ensuite plusieurs violents accès de fièvre ainsi

5

que Shaw; cependant j'avais réuni, le 29 juillet, cinquante hommes destinés à porter mes marchandises au pays de Djidji, Trois jours après, je crus devoir me décider à prendre part à la guerre contre Mirambo pour ouvrir une route à Livingstone, et je me portai à Mfouto où nous avions réuni, les Arabes et moi, deux mille deux cent cinquante-cinq hommes.

Le 4 août, vers six heures, tout le monde étant prêt, le discours suivant fut prononcé :

« Paroles! Paroles! Paroles! Écoutez, fils de Mkésihoua, enfants du Mouézi! La route est devant vous; les voleurs de la forêt vous attendent. Oui, ce sont des voleurs! Ils arrêtent vos caravanes et les pillent; ils prennent votre ivoire, ils tuent vos femmes. Mais regardez! Vous avez les Arabes avec vous. Avec vous, est le vouali du grand sultan de Zanzibar; avec vous est l'homme blanc; avec vous est le fils de Mkésihoua! Allez et combattez! Tuez l'ennemi, prenez ses esclaves, prenez son étoffe, prenez son bétail! Tuez et mangez! Tuez et remplissez-vous! Partez! »

Et l'on se mit en marche sur Zimbiso.

Ce village avait réellement de bonnes fortifications; il fut pris, mais on n'y trouva pas plus de vingt morts, tant les assiégés avaient été bien défendus par leur enceinte contre le feu de nos troupes.

Des forces suffisantes y furent laissées.

Le lendemain, on marchait sur la forêt d'Ouillancourou.

Dès le matin, j'étais allé trouver Ben Sélim pour lui représenter combien il était urgent de mettre le feu aux grandes herbes de ces bois, dans lesquelles l'ennemi pouvait se dissimuler. Mais en rentrant je fus repris de la fièvre, et le malheur voulut qu'on négligeât mon avis. A six heures, une nouvelle écrasante se répandit à Zimbiso : tous les Arabes qui étaient avec Saoud, et plus de la moitié de leurs soldats avaient été tués. Mes hommes rentrèrent, et j'appris que cinq de leurs camarades, parmi lesquels se trouvaient Barati, Oulédi, l'ancien serviteur de Grant, et le petit Mabrouki, étaient au nombre des morts.

Une soudaine attaque d'un ennemi qu'ils croyaient avoir vaincu avait tellement effrayé nos hommes, que, jetant leurs trésors, ils s'étaient dispersés dans les bois, et n'avaient regagné Zimbiso qu'en faisant de longs détours.

Je dormais pesamment, lorsque, à une heure et demie, Sélim me réveilla : « Levez-vous, maître, me dit-il. levez-vous; ils s'enfuient tous. »

Il était minuit quand nous rentrâmes à Mfouto. A notre voix, les portes s'ouvrirent; et nous fûmes de nouveau en sûreté dans ce village, d'où nous étions sortis d'une vaillante allure, et où nous rentrions lâchement.

J'y retrouvai mes fuyards, qui tous y étaient arrivés avant la fin du jour.

Un seul, l'Arabe de Jérusalem, mon Sélim, un adolescent, s'était montré fidèle et brave.

Je ne tardai pas à dire aux chefs arabes que la guerre leur était personnelle. Comme ils avaient délaissé malades et blessés pour ne songer qu'à eux, de même je quittais leur alliance. Avec leur manière de combattre, ils en auraient pour plus d'un an à lutter contre Mirambo, et il ne me restait pas de temps à leur donner. Maintenant que je leur avais payé ma dette, je pouvais continuer mon chemin.

D'après un homme que je vis un de ces matins, Livingstone, comme il se dirigeait vers le Tanguégnica, en venant du Gnassa des Maraouis, a rencontré la caravane de Séid ben Omar, qui se rendait dans le pays de Lamba. C'était vers l'époque où l'on a dit qu'il avait été assassiné. Mohammed ben Ghérib l'accompagnait. Livingstone voyageait alors à pied et vêtu de calicot américain. Toute son étoffe avait été perdue dans la traversée du Liemba. Il était sur ce lac avec trois pirogues; dans l'une, se trouvaient ses caisses et plusieurs de ses hommes; il en montait une autre avec ses domestiques et deux pêcheurs; la troisième, portant sa cotonnade, chavira. Il était coiffé d'une casquette, et possédait deux revolvers, une carabine à deux coups se chargeant par la culasse, et des balles explosibles.

13 *août*. Une caravane est arrivée aujourd'hui, venant de la côte; elle m'a appris la mort de Farquhar et celle du cuisinier Jako, que j'avais laissé auprès de lui.

Le 22, vers midi, les fugitifs sont accourus en foule de Toura, nous demandant protection. Ils nous ont appris que cinq Arabes des plus marquants viennent d'être tués, et que parmi les morts est le brave Khamis ben Abdallah. Ayant armé à la hâte quatre-vingts esclaves, il était sorti sans écouter les prudents amis qui voulaient le retenir, et il s'était trouvé promptement vis-à-vis de Mirambo. Celui-ci, non moins rusé qu'audacieux, voyant arriver les Arabes, avait donné l'ordre à ses troupes de se retirer lentement. Khamis, trompé par cette manœuvre, entraîna les siens à la poursuite de l'ennemi. Tout à coup, faisant volte-face, Mirambo jeta ses bandes, en un seul corps, sur le petit groupe qui arrivait. A ce retour imprévu, les gens de Khamis prirent la fuite, sans même regarder en arrière. Les sauvages entourèrent les Arabes. Khamis, qui marchait le premier, reçut une balle dans la jambe, et tomba sur les genoux; il s'aperçut alors de la désertion de ses esclaves. Malgré sa blessure il continua de tirer; mais bientôt une balle lui traversa le cœur. En le voyant tomber, le petit Khamis s'écria : « Mon père adoptif est mort, je veux mourir avec lui. » Il se battit en désespéré et ne tarda pas à recevoir le coup mortel. Quelques minutes après, des cinq Arabes, pas un n'était vivant.

Tabora venait d'être livrée aux flammes, et ses habitants nous arrivaient de toute part. Voyant que mes hommes étaient disposés à se défendre, je fis percer des meurtrières dans les murailles de notre tembé de Couihara, bien résolu d'y attendre l'ennemi pour le canarder à l'abri de ses balles.

Le 25, j'ai appris que Mirambo s'était retiré et retranché dans Casima ; mais, quand les Arabes ont voulu l'y attaquer deux jours plus tard, Mirambo était décampé.

Beaucoup des traitants les plus influents parlent de retourner à Zanzibar, disant que le pays est ruiné. Je n'ai plus aucun respect pour eux.

En attendant ce qui arrivera, je m'occupe de mes affaires, bien qu'avec peu de succès.

5 septembre. Barati est mort ce matin; c'était l'un des *fidèles* de Speke et l'un des meilleurs sujets de mon escorte. J'avais déjà perdu six de mes anciens ascaris ou soldats; il fait le septième.

Le 8, Mirambo a éprouvé une défaite sérieuse sous les murs de Mfouto; les têtes des chefs qu'il a perdus sont apportées à Mkésihoua, souverain du Gnagnembé.

J'ai passé toute la journée du 15 à choisir les bagages que nous devons prendre, et à les faire mettre en ballots. La charge a été réduite à cinquante livres dans l'espoir que cela nous permettra d'aller un peu plus vite. Deux ou trois de mes porteurs sont trèsmalades; il est à peu près sûr qu'ils ne pourront pas faire leur service : mais, d'ici à notre départ, j'espère pouvoir les remplacer; j'ai trouvé depuis deux jours à louer dix porteurs ou pagazis.

16 *septembre.* Nos préparatifs sont presque terminés. Que Dieu le permette, et nous serons en marche avant la fin de la semaine. J'ai engagé deux nouveaux porteurs et deux guides : Asmani et Mabrouki. Si l'énormité du corps humain peut inspirer la frayeur, Asmani doit produire un effet terrifiant; il a plus de deux mètres, sans chaussure, et ses épaules suffiraient à une couple d'hommes ordinaires.

Je donne demain un grand repas à mes gens, pour célébrer leur départ de cette malheureuse contrée.

19 *septembre.* Un accès de fièvre que j'ai eu aujourd'hui m'a obligé de remettre à demain notre départ.

Sélim est rétabli; Shaw, également. Ce dernier a exprimé la ferme résolution de ne pas aller dans le pays de Djidji.

Ce soir, pendant que ma fièvre était dans toute sa force, il est venu me demander mes dernières volontés, et m'a proposé de les mettre en écrit : « car, a-t-il ajouté, d'un air sombre, les plus vigoureux d'entre nous peuvent mourir. » Je l'ai prié d'aller à ses affaires et de ne pas venir croasser autour de moi.

Il est dix heures ; ma fièvre a cessé. Tout le monde dort excepté moi. Je pense à ce que je dois faire, je réfléchis à ma position. Une tristesse inénarrable m'envahit; c'est la désolation de l'isolement. Je ne trouve autour de moi ni sympathie ni intérêt. Shaw lui-même, un homme de ma race, auquel j'ai prodigué mes soins, a moins d'attachement pour moi qu'un petit nègre que j'ai adopté et nommé Caloulou.

Il faudrait plus de force que je n'en possède pour écarter les noirs pressentiments qui m'assiégent.

Mais peut-être ce que je nomme pressentiments n'est-il que l'effet des pronostics des Arabes; l'impression due aux sinistres paroles de ces gens au cœur faux. Ma tristesse a probablement la même cause. Les ténèbres qui emplissent ma chambre, et que me fait voir la seule bougie qui m'éclaire, ne sont pas faites pour m'égayer. Je me sens comme entre deux murs de pierre, dans une prison sans issue.

Mais pourquoi me laisser prendre aux croassements de ces Arabes? Un soupçon m'est déjà venu et se représente : il y a là quelque motif caché. Ne s'efforcent-ils pas de me retenir, dans l'espoir que je les soutiendrai contre Mirambo ? Si tel est leur calcul, ils se trompent ; j'ai juré, et je tiendrai mon serment, j'ai juré de ne me laisser détourner de mon entreprise par quoi que ce soit ; juré de poursuivre ma recherche jusqu'à ce que j'aie retrouvé Livingstone ; de ne revenir qu'avec un témoignage incontestable de son existence, ou avec la preuve qu'il a cessé de vivre. Personne au monde ne m'arrêtera ; la mort seule pourrait.... mais non ; pas même la mort ; car je ne mourrai pas ; je ne veux point, je ne peux pas mourir. Quelque chose me dit — je ne sais pas ce que c'est, — peut-être cette espérance vivace qui est en moi, peut-être cette présomption naturelle à une vitalité exubérante, ou un excès de confiance en moi-même, — je ne sais pas, — mais quelque chose me dit que je le trouverai. Écrivons cela plus gros : JE LE TROUVERAI ! JE LE TROUVERAI ! Ces mots sont fortifiants. Je me sens mieux. Ai-je dit une prière...? Je dormirai bien cette nuit.

CHAPITRE V

DE COUIHARA AU TANGUÉGNICA.

Départ de Couihara. — Shaw voudrait bien y rester. — Chaîne
à esclaves pour les déserteurs. — Je consens à renvoyer Shaw à
Couihara. — Pays de Gounda. — La nuit au camp. — Visite du
chef de Magnéra et de ses officiers. — Le paradis des chasseurs près du Gombé méridional. — Déception d'un crocodile.
— Rébellion de mes gens qui ne voudraient pas quitter ce
beau pays. — Sélim, l'Arabe chrétien. — L'oiseau du miel.
— Les pêches du Conongo. — Les éléphants. — Ravitaille-
ment à Mréra. — Les fourmilières des termites. — Le Zavira est ruiné. — Un léopard mis en fuite par la voix de nos
ânes. — Le Rousahoua, district du Caouendi. — Après Itaga,
les difficultés se renouvellent. — Village du fils de Nzogéra,
dans le Vinza. — Marais du Malagarazi. — Exactions de Kiala.
— Nouvelles de Livingstone. — Exactions du chef de Cahouanga, du roi de l'Ouhha et du chef de Cahirigi. — Il y
en a encore cinq sur notre route. — Nous nous esquivons
de l'Ouhha. — On a peur de nous à Niamtaga. — Hourra !
Tanguégnica ! — C'est bien Livingstone que je rencontre et
qui prétend que je lui ai rendu la vie.

Le lendemain, 20 septembre 1871, était le jour fixé
pour notre départ. La fièvre des jours précédents m'a-
vait laissé une extrême faiblesse, et il était peu rai-
sonnable de me mettre en route dans un pareil état ;
mais j'avais hâte de rompre avec tous les prophètes de

malheur, dont les avertissements, les récits, les craintes m'obsédaient et démoralisaient mes gens. Il le
fallait d'ailleurs : j'avais dit à Ben Nasib que jamais
un blanc ne manquait à sa parole ; et j'aurais été
perdu de réputation si, pour cause de faiblesse, je n'é-
tais pas parti comme je l'avais annoncé.

En conséquence, toute la caravane, drapeaux au
vent, fut passée en revue devant la porte du tembé ;
chacun près de son ballot, qui était posé contre le
mur. Il y eut un feu roulant d'acclamations, de rires,
de cris de joie, de fanfaronnades africaines. Les Arabes
s'étaient rassemblés pour nous voir partir. Tous
étaient là, excepté Ben Nasib. Le vieux cheik, se disant malade , s'était couché, et m'envoyait par son
fils une dernière tartine philosophique, précieux trésor que me léguait le fils de Nasib, fils d'Ali, fils de
Séif.

J'emmenais avec moi cinquante et un hommes et
trois enfants.

La salve du départ fut tirée. Les guides élevèrent
leurs drapeaux, et chaque porteur prit sa charge. Peu
de temps après, au milieu des cris et des chants, la
tête de la colonne avait tourné l'angle occidental du
tembé, et suivait la route qui mène au pays de Gounda.

« Maintenant, Shaw, veuillez partir. Je vous at-
tends, monsieur. Si vous ne pouvez pas marcher,
montez à âne.

— Excusez-moi, monsieur Stanley ; mais j'ai peur
de ne pas pouvoir vous suivre.

— Pourquoi?

— Je ne sais pas ; mais je me sens très-faible.

— Moi aussi je suis faible ; ce n'est qu'hier, et assez tard, que la fièvre m'a quitté ; vous le savez vous-même. Ne reculez pas devant ces Arabes, monsieur ! Rappelez-vous la race à laquelle vous appartenez ; vous êtes un blanc. Sélim, Bombay, Mabrouki, aidez M. Shaw à se mettre à âne, et marchez auprès de lui.

— Oh ! maître, maître, dirent les Arabes, laissez-le ; ne voyez-vous pas qu'il est malade ?

— Reculez-vous, messieurs ; rien ne m'empêchera de l'emmener ; il partira. En marche, Bombay ! »

Le dernier de mes hommes était sur la route. Notre demeure, si récemment pleine d'animation, avait déjà l'aspect triste et morne des lieux abandonnés. Je me tournai vers les Arabes, je leur dis un nouvel adieu, leur fis un dernier salut ; et je me dirigeai vers le sud, avec Sélim, Caloulou, Madjouara et Bilali, qui portaient chacun une de mes armes.

A peine avions-nous fait cinq cents pas, que l'âne sauvage sur lequel était Shaw, aiguillonné par le rusé Mabrouki, fit une ruade, et envoya son cavalier, qui n'avait jamais été fort en équitation, piquer une tête à côté d'un buisson d'épines. Les cris perçants de maître Shaw nous firent accourir.

« Qu'y a-t-il, mon pauvre camarade ? Êtes-vous blessé ?

— Oh ! miséricorde ! Je vous en prie, monsieur Stanley ; je vous en prie, laissez-moi retourner.

— A cause de cette chute ? Voyons, un peu de courage. Remontez sur votre âne, mon pauvre ami ; dites que vous avez la ferme résolution de venir, c'est le moyen d'en avoir la force. »

Nous l'aidâmes à se remettre en selle. Néanmoins, tout en avançant, je me demandais s'il ne vaudrait pas mieux le renvoyer, que de traîner avec soi, pendant des centaines de kilomètres, un homme qui vous suivait malgré lui.

Le lendemain matin, lorsque je sortis pour appeler mes hommes il m'en manquait plus d'une vingtaine, et Kéif Halek, celui des gens de Livingstone qui était chargé des dépêches pour le docteur, n'avait pas encore paru.

Je choisis vingt des plus fidèles et des plus forts de ceux qui étaient là, et je les envoyai à la recherche des absents. En outre, je fis demander à Ben Nasib une longue chaîne à esclaves, que je priais le vieux cheik de me prêter ou de me vendre.

Le soir, neuf des coupables étaient ramenés; on ne retrouva pas les autres. En même temps, Sélim me rapportait une forte chaîne, à laquelle se trouvaient une douzaine de carcans, et Kéif Halek arrivait avec ses dépêches.

Je réunis mes hommes, et leur montrant la chaîne : « Je suis, leur dis-je, le premier voyageur blanc qui ait mis cet objet dans ses bagages. Ce sont vos désertions qui m'y forcent. Les bons n'ont rien à craindre; cette chaîne n'est que pour les voleurs, qui, après avoir touché une partie de leur salaire, s'enfuient avec leurs charges, leurs fusils, leurs munitions. Jusqu'à présent je n'ai garrotté personne; mais, à compter d'aujourd'hui, si l'un de vous déserte, je m'arrêterai assez longtemps pour qu'on le retrouve, et il sera enchaîné jusqu'à la fin de la route. Avez-vous entendu?

— Oui, maître.

— Avez-vous compris?

— Oui, maître. »

Le jour suivant, quand il fallut partir, il nous manquait encore deux hommes : Asmani et Kingarou. Baraca et Bombay furent envoyés à leur poursuite, avec ordre de ne pas revenir sans eux. Nous passâmes la journée dans le village pour faire plaisir à Shaw, plus que par tout autre motif.

Les déserteurs furent ramenés dans la soirée; c'était la troisième fois que Kingarou prenait la fuite. Le pardon n'était pas possible. Après avoir été fustigés d'importance, mes récidivistes furent mis à la chaîne ainsi qu'ils en avaient été prévenus.

Nous atteignîmes dans l'après-midi le village de Caségéra, qui était en fête. Les absents venaient d'arriver de la côte, et les jeunes pagazis brillaient du vif éclat des habits de cotonnade tout battants neufs, dont ils s'étaient drapés derrière quelque buisson avant d'apparaître aux yeux charmés de leurs compatriotes.

Nous levâmes le camp le 24; et après trois heures de marche au sud-sud-ouest, dans une forêt d'imbité, nous arrivâmes à Kigandou. Au moment où nous nous arrêtions devant ce village, qui était gouverné par la fille de Mkésihoua, nous fûmes avertis que pour y entrer il fallait payer la taxe. N'en voulant rien faire, nous nous retirâmes à un kilomètre et demi du bourg dans un vieux khambi, infesté par les rats, et où nous poursuivirent les invectives des indigènes, qui nous accusaient de fuir lâchement la guerre, et d'abandonner Mkésihoua à l'heure du péril.

Au seuil de la palissade, Shaw voulant mettre pied à terre, perdit les étriers et tomba de tout son long. Cette pantomime commençait à devenir trop fré-quente.

« Vous voulez retourner à Couihara, M. Shaw? lui demandai-je.

— Oh! oui, s'il vous plaît. Je ne pourrais pas aller plus loin ; et, si vous étiez assez bon pour le per-mettre, je m'en retournerais avec joie.

— Très-bien, monsieur; j'en suis venu à croire que cela vaudrait mieux pour nous tous. »

La journée du lendemain fut consacrée à tous les préparatifs qu'exigeait le départ de Shaw. Une forte litière fut construite; quatre hommes vigoureux fu-rent loués à Kigandou pour porter le malade. Je fis faire du pain, remplir de thé un grand bidon, et rôtir une gigue de chevreau pour qu'il eût à manger pen-dant la route.

Dans la soirée — nous la passâmes ensemble, — il prit un accordéon que je lui avais donné à Zanzibar, et joua différents airs. Un pitoyable instrument que cet accordéon, d'une cinquantaine de francs; cepen-dant, les chants simples et familiers qui s'en exhalè-rent ce soir-là me firent l'effet de mélodies célestes; et quand, pour finir, mon pauvre camarade joua l'air de *Home, Sweet home !* (Pays natal, doux pays!) il n'avait pas achevé, que nos cœurs émus s'élançaient l'un vers l'autre.

Le 27 nous étions tous levés de bonne heure.

La trompe sonna enfin le départ. Shaw dans sa litière fut pris par ses porteurs. Mes hommes formè-

rent deux rangs, les drapeaux furent déployés; et,
entre cette double haie, sous les plis de ces bannières
qu'il ne devait plus revoir, Shaw fut emporté vers le
nord. Puis je me tournai vers le sud, allant d'un pas
vif et léger, comme un homme qui a un poids de
moins sur les épaules.

Nous arrivions à Gounda, vers deux heures de l'a-
près-midi.

Nous étions alors sortis du Gnagnembé, dont nous
venions de franchir la frontière méridionale. Gounda,
situé dans le district du même nom, est un gros bourg
qui peut compter quatre cents familles, environ deux
mille âmes. Il est défendu par une estacade ayant em-
brasures, fossé et contrescarpe. Des bastions rappro-
chés, percés de meurtrières, d'où les tireurs les plus
habiles peuvent viser les chefs ennemis, dominent
cette enceinte, dont le bois a trois pouces d'épaisseur,
et dont la base est protégée par un talus de plus d'un
mètre d'élévation. Autour de la place, dans un rayon
de deux à trois kilomètres, le sol a été dépouillé de
tout ce qui permettrait à l'ennemi de dissimuler son
approche. Trois fois Mirambo a essayé de prendre le
village, trois fois il a été repoussé; et les habitants de
Gounda se vantent à juste titre d'avoir résisté au plus
hardi forban qu'ait vu le pays de Mouézi depuis plusieurs générations.

La fièvre couve en permanence dans cette région
boisée, où la nature n'a rien fait pour l'écoulement des
eaux. Pendant la saison sèche, on ne la croirait pas
malsaine. L'herbe roussie et les traces pétrifiées des
animaux, qui les ont fréquentées à l'époque humide,

donnent bien aux clairières un aspect sombre, mais qui n'a rien d'inquiétant. Si, dans le fourré, des monceaux d'arbres gisent çà et là à tous les degrés de délabrement, des milliards d'ouvriers ardents travaillent sans relâche à les faire disparaître, et rien n'offense ni la vue ni l'odorat. Cependant il s'échappe de cette terre desséchée, de cette végétation morte, un poison subtil qui vous pénètre et qui n'est pas moins dangereux que celui qu'on respire, dit-on, à l'ombre de l'upas.

Le 1er octobre, poursuivant notre route au sud-sud-ouest, nous arrivâmes au bord d'un large étang. Près de la rive, sous un arbre magnifique, était un vieux khambi à demi brûlé, qui, en moins d'une heure, fut transformé en un camp splendide. L'arbre était un figuier-sycomore, le géant des forêts de cette région. Jamais je n'en ai vu de plus beau ; douze mètres de circonférence ; il eût abrité un régiment, car son ombre avait trente-sept mètres de diamètre.

L'œuvre du jour était finie; le camp nous donnait une sécurité complète ; chacun tira sa pipe, heureux d'avoir achevé sa tâche, et avec le contentement qui suit tout travail bien exécuté.

Au dehors, pas d'autres bruits que l'appel d'un florican ou d'une pintade égarée; la voix rauque des grenouilles, coassant dans l'eau voisine, ou le chant des grillons, qui semblaient bercer le jour et l'inviter au sommeil. A l'intérieur du khambi, le glouglou provoqué par l'aspiration de l'éther bleuâtre que les fumeurs tiraient des gourdes qui leur servaient de narghilés. Couché sur mon tapis, ayant pour dôme

l'épais feuillage, aux lèvres ma courte écume de mer,
je laissai courir mon esprit. Malgré la beauté de cette
lueur grise dont le ciel était éclairé, malgré la sérénité de l'air qui nous enveloppait, il s'éloigna d'abord
et me conduisit en Amérique près de ceux que j'aime.
Puis, revenant à la réalité, il me ramena à ma tâche
incomplète, à l'homme qui, pour moi, était un mythe ;
à celui que je cherchais, qui peut-être était mort,
peut-être bien loin, peut-être à côté de nous, dans
cette même forêt, dont les arbres me dérobaient l'horizon ; tout près de moi et aussi caché à mes regards
que s'il eût été dans son petit cottage d'Ulva. Qui
pouvait le savoir ?

J'étais cependant heureux ; et, bien qu'ignorant ce
qu'il m'importait le plus de connaître, je ressentais
une certaine quiétude, une satisfaction indéfinissable.

Le lendemain, trois heures de marche sur la terre
brûlante d'une plaine nous conduisirent aux champs
de Magnéra. La porte du village fut gagnée; mais on
nous en interdit l'entrée : la guerre étant partout, les
habitants n'admettaient dans leurs murs aucune
bande étrangère. On nous envoya dans un khambi
situé près d'un chapelet d'étangs dont l'eau était
bonne; mais l'enceinte du camp ne renfermait qu'une
demi-douzaine de cases en ruine, très-peu conforta-
bles pour des gens fatigués.

On refusait même de nous vendre du grain et le
chef nous renvoya deux choukkas royales[1] que je lui

1. Entre Zanzibar et Cazê, la *choukka* est de 2 mètres et
vaut 2 dotis; entre Cazê et le Tanguégnica, elle vaut le double;
mais, partout, ce morceau d'étoffe se met ordinairement autour
des hanches en guise de jupon. — J. B.

avais fait offrir en cadeau. Cependant, le jour suivant, dès le matin, le ballot d'étoffes de choix fut rouvert, et je refis partir Bombay avec quatre manteaux de prix, huit mètres de cotonnade et une masse de compliments.

L'effet de ma munificence ne tarda pas à se produire. Au bout d'une heure je vis arriver une douzaine de villageois portant sur la tête des caisses remplies de sorgho, de riz, de maïs, de haricots et de gesses. Puis apparut le chef, Ma-Magnéra lui-même, accompagné de trente mousquets et de vingt lancés, suivi d'un présent de volailles, de chèvres, de miel, et d'une quantité de grain suffisante pour nourrir mes hommes pendant quatre jours; bref, une valeur grandement équivalente à celle de mon envoi.

J'allai recevoir le chef à la porte du camp et l'invitai à venir dans ma tente, que j'avais arrangée avec tout le luxe dont je pouvais disposer : mon tapis de Perse avait été déployé, ma peau d'ours étendue, mon lit recouvert d'un beau drap rouge tout battant neuf.

Ma-Magnéra, homme robuste et de grande taille, fut prié de s'asseoir, ainsi que les officiers qui l'accompagnaient. Tous me contemplèrent avec un étonnement indicible ; ma figure et mes habits les plongeaient dans une agréable stupéfaction. Ils se regardèrent ensuite les uns les autres, puis éclatèrent de rire en faisant claquer leurs doigts à plusieurs reprises.

Après quelques minutes dépensées en échanges de politesses, et de leur part en une compétition de rires qui paraissaient inextinguibles, Ma-Magnéra témoigna

le désir de voir mes armes. La carabine à seize coups
suggéra mille observations flatteuses, et la beauté des
revolvers, leur travail qui parut surhumain à tous ces
yeux ravis, inspirèrent au chef des éloges d'une telle
éloquence que je crus devoir continuer l'exhibition.

Les fusils de gros calibre, tirés avec une forte charge
de poudre, firent sauter mes visiteurs en une feinte
alarme ; puis chacun reprit son siége avec des rires
convulsifs.

Au milieu de l'admiration générale, j'expliquai la
différence qu'il y avait entre les blancs et les Arabes.
L'explication donnée, j'ouvris ma boîte à médicaments. Ce fut une extase : mes hôtes s'accrochèrent les
deux index, et, leur enthousiasme croissant toujours,
ils se les tirèrent à me faire craindre de les voir se
disloquer.

Le chef demanda à quoi servaient ces petites bouteilles dont la transparence et l'arrangement lui arra-
chaient. ainsi qu'aux autres, des soupirs d'admiration.

« Voici, dis-je en prenant une fiole d'eau-de-vie médicinale, voici la bière des blancs. J'en mis dans une
cuiller que je présentai au chef.

— Hacht ! hacht ! oh! hacht! eh-eh! Quelle forte
bière ont les hommes blancs! Oh! la gorge me brûle !

— Oui ; mais c'est bon, répondis-je. Un peu de cette
liqueur rend les hommes forts et généreux; il est vrai
qu'une forte dose les rend méchants, et qu'en prendre
beaucoup cela fait mourir.

— Donnez-m'en un peu, dit l'un des chefs.

— A moi aussi.

— A moi aussi. »

Tous en demandèrent. Je pris ensuite un flacon d'ammoniaque.

« Voilà, expliquai-je, pour guérir les maux de tête et la morsure des serpents. »

Aussitôt le chef de se plaindre du mal de tête et de vouloir de cette drogue. Je lui dis de fermer les yeux, et je lui mis le flacon sous le nez. Le résultat fut magique. Mon curieux tomba à la renverse, comme frappé de la foudre et avec des grimaces indescriptibles.

Ses officiers ne se sentaient pas d'aise; ce n'étaient plus des rires, c'étaient des rugissements. Ils se pinçaient les uns les autres, battaient des mains, faisaient claquer leurs doigts, et mille extravagances. Pareille scène, jouée sur un théâtre, désopilerait immédiatement la salle la plus hypocondre. S'ils avaient pu se voir tels que je les voyais, ils se seraient fait rire jusqu'à en devenir épileptiques.

Ma-Magnéra finit par se relever; de grosses larmes lui coulaient sur les joues, tant il avait ri lui-même; et il fallut quelques instants avant que ses lèvres, que le rire faisait toujours trembler, pussent proférer le mot *kali!* (drogue active, médecine ardente).

Il n'en demanda pas davantage, mais ses notables voulurent sentir le flacon; et, à chaque reniflade de l'un d'eux, ce fut de la part de tous un nouvel accès de rire.

La matinée tout entière fut consacrée à cette visite royale, dont chacun fut ravi.

« Oh! disait Magnéra en partant, ces blancs savent tout au monde; les Arabes ne sont que de la saleté auprès d'eux. »

Le 4 octobre nous voyait partir pour le Gombé, qui se trouve à quatre heures et quart de Magnéra.

Deux heures après, nous entrions dans un parc magnifique, un immense tapis de verdure, moucheté de sombres massifs et orné de grands arbres, qui, çà et là, se déployaient dans toute leur beauté.

Nous défilâmes silencieusement dans cet éden pour atteindre le Gombé méridional, qui traîne là ses eaux paresseuses, et près duquel nous allions nous établir.

C'était bien cette fois le paradis des chasseurs !

Je me rappelais l'amère expérience que j'avais faite des épines africaines, dans la région maritime, où une vieille piste m'avait égaré. Mais ici ! quel parc de grand seigneur pouvait être comparé à la magnifique étendue que je contemplais?

Dès que le site du camp fut choisi, près de l'une des auges qui se trouvent dans le lit du Gombé, je pris mon fusil à deux coups, et je m'en allai dans le parc.

Au sortir d'un massif, j'aperçus trois springboks [1], trois bêtes grasses, qui broutaient l'herbe à une centaine de pas. Je me mis à genou et j'appuyai sur la détente. L'une des trois mangeuses fit instinctivement un saut perpendiculaire, et retomba morte. Ses deux compagnes s'enfuirent, franchissant près de

---

1. Espèce de *gazelle*, qui marche parfois en troupes si nombreuses que Cumming les évalue à plusieurs centaines de mille. Mme H. Loreau donne sur cet animal des renseignements curieux dans une note savante qu'elle a mise à la page 266 de l'édition complète du voyage de Stanley. — J. B.

quatre mètres à la fois; et, bondissant comme des balles élastiques, elles disparurent derrière un tertre.

Mon succès fut salué par les acclamations de mes soldats, que le bruit du fusil avait fait accourir. Celui qui portait mon arme de rechange planta son couteau dans la gorge du springbok, en prononçant un fervent *bismillah!* En un clin d'œil, il eut presque détaché la tête.

Après avoir suivi la rive du Gombé pendant plus d'un kilomètre, repaissant mes yeux de la vue d'un long espace rempli d'eau, vue à laquelle j'étais étranger depuis si longtemps, je me trouvai tout à coup en face d'un tableau qui me ravit jusqu'au fond de l'âme : six, sept, huit, dix zèbres jouaient et se mordillaient les uns les autres, fouettant de leurs queues leurs belles robes tigrées, à une distance de moins de cinquante pas. Scène pittoresque, toute locale; jamais je n'avais si bien compris que j'étais au centre de l'Afrique. J'eus un moment de fierté en me sentant possesseur d'un si vaste domaine, peuplé de si nobles bêtes. J'avais là, à portée de ma balle, les animaux les plus divers, l'orgueil des forêts africaines. Je pouvais choisir entre eux; ils m'appartenaient. Ils étaient à moi, sans bourse délier, sans débat et sans conteste. Malgré cela, je baissai deux fois ma carabine; il me répugnait de frapper ces bêtes royales. Cependant j'en tuai un; mais je m'en tins là, parce qu'il me semblait suffisant, surtout après une longue marche, d'avoir abattu en un jour un zèbre et un springbok.

Comme tout m'engageait à prendre un bon bain, j'avisai une place ombreuse, sous un mimosa à large cime, où l'herbe fine et rase, unie comme celle d'une pelouse, allait en pente douce gagner l'onde transparente. J'étais déshabillé, les pieds dans l'eau, les bras tendus, les mains réunies, lorsque, au moment où je m'ébranlais pour plonger, un corps énorme, fendant l'onde comme une flèche, s'arrêta juste à l'endroit où j'allais piquer une tête. L'effort se fit en sens inverse ; je bondis en arrière, instinctivement, et je fus sauvé : c'était un crocodile.

Le monstre s'éloigna d'un air désappointé, me laissant me complimenter moi-même, car je l'avais échappé belle, et me promettre de ne plus jamais céder à l'attrait perfide d'une rivière africaine.

Dès que j'eus repris mes vêtements, je me détournai de cette onde traîtresse, dont l'aspect m'était devenu répulsif, et j'entrai dans le fourré.

Le soir, dans notre enclos d'épines, que ses chevaux de frise rendaient inattaquable, régnaient la sécurité et la joie ; partout le confort, les éclats de rire et la bombance. Autour de chaque foyer, des gens accroupis et radieux : l'un attaquant à pleine bouche une tranche savoureuse ; un autre suçant la moelle d'un fémur de zèbre ; celui-ci faisant rôtir un quartier de venaison ; celui-là mettant sur la braise une énorme côte. Leurs voisins regardaient bouillir la soupe, remuaient la bouillie à toute vitesse, ou veillaient d'un air attentif sur l'étuvée qui mijotait. D'autres attisaient les feux, dont la clarté mobile dansait vigoureusement sur les formes nues, les faisait étinceler, empourprait la tente dressée au milieu du boma, comme le sanctuaire de quelque divinité mystérieuse, et, en se perdant au fond des arbres dont les branches nous couvraient, évoquait dans la feuillée des ombres fantastiques. Scène toute sauvage, mais d'un effet puissant.

Nous fîmes en cet endroit une halte qui ne dura pas trois jours, mais où nous tuâmes deux buffles, deux sangliers, trois caamas [1], un zèbre, un pallah, trois petites outardes, huit pintades, un pélican et deux aigles, sans parler de deux silures, poissons qui furent pris dans le Gombé.

La plus grande partie de la venaison ayant été boucanée, nous pouvions braver le désert; et, le 7 octobre, je donnai l'ordre de lever le camp, au vif regret de mes amateurs de viande. Ils me firent prier par Bombay de rester un jour de plus. J'aurais dû m'y attendre. Chaque fois qu'ils pouvaient se gorger de nourriture, ils devenaient d'une paresse invincible.

L'ordre que je donnai au kirangozi de prendre sa trompe et de sonner la marche fut donc accueilli par un silence de mauvais augure. Les hommes allèrent chercher leurs ballots d'un air maussade. J'entendis Asmani grommeler entre ses dents qu'il regrettait beaucoup de s'être engagé à nous servir de guide.

Néanmoins, bien qu'avec répugnance, ils partirent. Je restai à l'arrière-garde pour activer les traînards. Au bout d'une demi-heure, je vis la caravane au re-

---

1. Antilope voisine du bubale et qui a près d'un mètre 50 c. de haut et 2 m. 14 de longueur. Il en est question dans la plupart des voyages en Afrique et particulièrement dans celui *du Natal au Zambèse*, fait par le chasseur Baldwin, p. 102 de notre édition. — J. B.

pos, les bagages par terre, et les hommes, réunis par groupes, s'entretenant et gesticulant d'un air irrité.

J'enlevai mon fusil des mains de Sélim, j'y glissai deux charges de plomb, j'ajustai mes revolvers et j'allai droit aux mécontents. De leur côté, mes gens avaient pris leurs armes, et deux d'entre eux, dont les têtes se voyaient au-dessus d'une fourmilière, avaient le fusil braqué sur ma route. L'un de ces derniers était Asmani ; le second, un appelé Mabrouki, son inséparable ; tous deux avaient été les guides du cheik Ben Nasib.

Je jetai le canon de mon fusil dans le creux de ma main gauche et, les tenant en joue, je les menaçai de leur faire sauter la cervelle, si, à l'instant même, ils ne venaient pas s'expliquer. Comme il aurait été dangereux de ne pas bouger, ils quittèrent leur retraite.

Asmani avança d'un pas oblique, en affectant de sourire, mais ayant dans le regard le sombre feu du meurtre. L'autre se glissa derrière moi, et versa de la poudre dans le bassinet de son mousquet. Je me retournai vivement, et lui mis le canon de mon fusil à deux pieds de la figure : l'arme lui tomba des mains ; je le repoussai avec la mienne, et le fis rouler à dix pas.

Regardant alors Asmani, l'homme gigantesque, je lui ordonnai de désarmer. En disant cela, je levai mon fusil et pressai sur la détente ; jamais homme n'a été plus près de la mort.

Il me répugnait de répandre le sang ; je ne demandais certes pas mieux que d'éviter ce malheur ; mais, si je n'arrivais pas à mater ce brutal, s'il ne pliait pas à l'instant même, c'en était fait de mon autorité.

Au fond, le départ n'était qu'un prétexte ; mes hommes avaient peur de la route et cherchaient à se dégager ; là était le secret de la révolte. Or le seul moyen, non-seulement de les faire marcher, mais de dissiper leurs craintes, c'était la preuve d'une force irrésistible. Même employée contre eux, mon énergie les rassurait ; il fallait que, dans le cas présent, mon pouvoir fût reconnu, dût l'insubordination être punie de mort.

Loin d'obéir, Asmani leva le bras pour épauler. Son dernier moment était venu, lorsque Mabrouki, l'ancien serviteur de Speke, s'étant glissé derrière lui, fit un bond et lui arracha le mousquet, en s'écriant avec horreur :

« Malheureux ! tu oses viser ton maître ? »

Puis, se jetant à mes pieds, Mabrouki me supplia de ne pas punir les rebelles.

« Tout est fini, dit-il ; plus de querelle. Nous irons tous au lac ; et Inch Allah ! nous retrouverons le vieil homme blanc. Répondez, hommes libres ! N'est-ce pas que vous irez au Tanguégnica sans vous plaindre ? Dites-le au maître, et d'une seule voix.

— Oui, par Allah ! oui, par Allah ! mon maître. Il n'y a pas d'autres paroles, dit chacun à voix haute.

— Demande pardon, ou va-t-en, » reprit l'orateur en s'adressant à Asmani, qui s'exécuta de bonne grâce, à la satisfaction de tout le monde.

Je n'avais plus qu'à pardonner, et je le fis d'une manière générale, n'exceptant de la mesure qu'Ambari et Bombay, que je considérais comme les instigateurs de la révolte.

Tous deux furent mis à la chaîne avec avertissements qu'ils ne seraient détachés qu'après que j'aurais reçu leurs excuses. Quant à Asmani et à son acolyte, je les prévins que je les tuerais au premier signe d'insubordination.

L'ordre de se mettre en marche fut renouvelé. Chacun reprit son fardeau avec une ardeur étonnante, et fila d'un pas rapide. Bref, l'avant-garde eut bientôt disparu, laissant derrière elle Ambari et Bombay, enchaînés avec deux déserteurs, qui toutefois avaient des fers plus pesants.

Quand nous fûmes à peu près à une heure du point de départ, Ambari et Bombay, d'une voix tremblante, sollicitèrent leur pardon. Je fis la sourde oreille pendant une demi-heure ; puis je les remis en liberté, et je rendis à Bombay son grade de capitaine avec tous les avantages qui en découlaient.

De fait, après moi, le membre le plus important de l'expédition était Sélim, le jeune Arabe chrétien que j'avais amené de Jérusalem. Sans lui, je n'aurais pas pu m'entendre avec les Arabes que j'ai rencontrés sur ma route, et c'est à lui que j'ai dû leur bienveillance.

Il a été élevé par l'évêque Gobat, et il lui fait le plus grand honneur. Si tous les écoliers du bon évêque ressemblent à celui-ci, monseigneur mérite les plus grandes félicitations.

J'avais pris Sélim au mois de janvier 1870 ; depuis cette époque, il ne m'avait pas quitté ; nous avions traversé côte à côte la Russie méridionale, le Caucase et la Perse. Bon Sélim ! fidèle et dévoué jusqu'à la

mort ; sans peur et sans reproche. C'est lui qui m'a
sauvé à Mfouto ; et, en lui donnant ces éloges, je sens
combien ils suffisent peu à exprimer le sentiment que
j'ai des services qu'il m'a rendus.

Une marche de quatre heures et demie, à partir de
l'endroit où mes gens s'étaient arrêtés, et qui avait
failli devenir le théâtre d'une scène tragique , nous
conduisit au bord d'un étang où l'on ne voyait plus
une goutte d'eau.

Une demi-heure après , nous étant dirigés vers le
sud , nous arrivions à un tongoni, c'est le nom que,
dans cette région, on donne à un établissement abandonné. Il y avait là trois ou quatre villages en ruines
et de vastes champs complétement ravagés.

Souvent nous rencontrions le coucou indicateur,
l'oiseau du miel. Son cri est une série d'appels vifs et
sonores. Les indigènes savent fort bien se servir de
lui pour découvrir le trésor que les abeilles ont
amassé dans le creux des arbres. Tous les jours mes
gens m'apportaient d'énormes rayons pleins d'un miel
délicieux, rouge ou blanc. Les gâteaux où était le miel
rouge contenaient beaucoup d'abeilles mortes ; mais
mes compagnons, d'une gloutonnerie excessive, loin
de s'en inquiéter dévoraient avec le miel, les abeilles
et la plus grande partie de la cire.

Aussitôt que l'oiseau du miel aperçoit un homme,
il jette des cris animés, saute de brindille en brindille,
passe d'une branche à l'autre, puis sur l'arbre voisin,
en multipliant son appel. L'indigène, qui connaît
l'oiseau, n'hésite pas à le suivre. L'homme ne vient
pas assez vite ; le guide rebrousse chemin ; il crie plus

fort, crie avec impatience, part comme une flèche, pour montrer avec quelle rapidité il pourrait vous conduire, et ne s'arrête qu'au moment où la ruche est gagnée.

Tandis que l'indigène enfume les abeilles et s'empare de leur trésor, le petit oiseau lisse son plumage; puis il entonne un chant de triomphe, comme pour informer le grand bipède que, sans lui, il n'aurait jamais pu découvrir le miel, dont on lui donne sa part.

Le 9 octobre, nous fîmes une longue étape en nous dirigeant vers le sud, et nous nous arrêtâmes au centre d'un bouquet d'arbres splendides, où notre camp fut établi. L'eau était fort rare sur la route; ce qui faisait souffrir la caravane énormément.

Nous étions dans le pays de Conongo depuis que nous avions traversé le Gombé.

Le 10, la marche dura huit heures, dans une forêt où la pêche sauvage est très-commune. L'arbre qui porte ce fruit, et qu'on appelle *mbembou*, ressemble beaucoup à un poirier. Il est très-productif; je l'ai vu parfois chargé d'une récolte qui aurait empli trois ou quatre hectolitres. Le jour en question, je mangeai énormément de ces pêches. Tant qu'il y en a, celui qui voyage dans cette région est sûr de ne pas mourir de faim.

A la base d'une colline gracieuse, en forme de cône, se trouvait un village, dont notre subite apparition, au faîte de la montée, plongea les habitants dans la plus grande alarme. Je crus devoir tout d'abord envoyer quatre mètres d'étoffe au chef de ce village, qu'on appelle Outendé. Le chef, qui dans ce moment-là était ivre, par conséquent disposé à l'insolence, refusa mon présent, à moins qu'il ne fût augmenté de quatre nouveaux dotis. En apprenant cette réponse, j'ordonnai de construire un boma très-fort au sommet de la colline, à proximité d'une eau abondante, et je remis les quatre mètres d'étoffe dans le ballot.

Comme position stratégique, il était difficile de choisir rien de mieux : nous commandions le village, et nous pouvions balayer tout l'espace qui nous en séparait. Des guetteurs furent placés pour la nuit; mais rien ne troubla notre sommeil.

Le lendemain matin nous vîmes arriver les notables de l'endroit, qui nous demandèrent si nous avions l'intention de lever le camp sans avoir fait de cadeau à leur chef. Je répondis que mon plus vif désir était de me faire des amis de tous les chefs dont je traversais le territoire, et que, si le leur voulait accepter de ma part une belle choukka, je la lui donnerais volontiers. Ils trouvèrent d'abord que ce n'était pas suffisant; ils marchandèrent; j'ajoutai dix rangs de perles rouges, dites samé-samé, pour la femme du chef, et ils s'en allèrent satisfaits.

Du village d'Outendé, la forêt s'élève, vers l'ouest, pendant un certain nombre de kilomètres, jusqu'à une série de rochers semblable à une muraille et dont le faîte aplati domine la plaine de cent cinquante à cent quatre-vingts mètres.

Cette chaîne fut gravie le 12 octobre. Son versant occidental incline au sud-ouest; par l'autre, elle envoie ses eaux dans la rivière de Mréra, l'un des affluents du Malagarazi.

Bien que nous fussions encore à douze ou quinze marches du lac, son influence se faisait déjà sentir. Les jungles devenaient plus épaisses et l'herbe d'une hauteur énorme ; elles nous rappelaient la végétation exubérante du Couéré et du Cami, dans le voisinage de l'Océan indien.

Entre Mouéra et Mréra, nous aperçûmes, dans un étroit marécage, une petite bande d'éléphants. C'était la première fois que je voyais ces colosses dans leurs solitudes natales ; je n'oublierai pas de longtemps l'impression qu'ils me causèrent. Depuis lors, je tiens l'éléphant pour le roi des animaux. Ses énormes dimensions, la majesté avec laquelle il regarde l'intrus qui met le pied dans ses États et la conscience de sa force qui éclate dans tout son aspect lui donnent, plus qu'à tout autre, le droit de réclamer ce titre.

La bande se trouvait à un kilomètre et demi du point où nous passions ; elle s'arrêta pour nous regarder ; puis elle se remit en marche, et entra dans la forêt d'un air indifférent, comme si une caravane était à ses yeux chose de peu d'importance. Que pouvaient être, en effet, pour ces libres seigneurs des bois, pour ces colosses formidables, une file de pygmées qui n'auraient pas eu le courage de les affronter dans une rencontre loyale ?

Le dégât qu'une troupe de ces animaux fait dans la forêt est tout simplement effrayant. Dans les endroits où les arbres sont jeunes, ils les déracinent et les jettent, par andains, comme des tas d'herbes couchés par le faucheur, au bord de la route frayée par la bande à travers le fourré.

Sélim était alors tellement malade que nous dûmes nous arrêter pour lui au village de Mréra.

D'ailleurs, à l'ouest de cette place, commençait un désert dont la traversée, à ce qui nous fut dit, était de neuf jours; cela nous forçait d'acheter une quantité considérable de grain, qu'il fallait moudre et tamiser avant de partir.

Nous ne reprîmes notre marche que le 17 octobre, nous dirigeant vers le nord-ouest. Le départ fut très-gai; mes gens et moi, nous étions dans les meilleurs termes; Bombay avait oublié notre querelle; Asmani était prêt à se jeter dans mes bras, tant nos rapports étaient maintenant affectueux.

Plus d'inquiétudes; la confiance était revenue; car, disait Mabrouki, « on sent d'ici le poisson du Tanguégnica. »

Au bout des cultures, nous retrouvions la jungle; nous y défilâmes joyeusement, riant à gorge déployée, nous vantant de nos prouesses. Tout le monde, ce jour-là, était brave.

Ensuite nous entrâmes dans une forêt peu épaisse où de nombreuses fourmilières se dressaient comme autant de dunes. J'imagine qu'elles avaient été construites pendant une saison exceptionnellement pluvieuse, alors que la forêt pouvait être inondée. J'ai vu ailleurs des légions de fourmis élever leurs édifices sur un terrain soumis à l'inondation [1].

---

1. Il est curieux de voir toute l'étendue des pays marécageux qu'occupent les Kêtchs hérissée par les demeures des fourmis blanches, s'élevant au-dessus du niveau de l'eau. Ces tours de Babel empêchent leurs habitants d'être emportés par le déluge,

Quels merveilleux bâtiments construisent ces petits insectes. Un labyrinthe parfait : cellules, chambres, couloirs, salles et vestibules s'agençant et s'emboîtant les uns dans les autres ; une exhibition des talents d'un ingénieur et de la capacité d'un architecte, à vous stupéfier ; une cité modèle, combinée de façon à offrir sécurité et confort.

Quittant la forêt après une heure de marche, nous trouvâmes, au débuché, un ruisseau murmurant et limpide qui fuyait au nord-ouest, et que nous saluâmes avec une joie telle que seuls les hommes, qui n'ont eu pendant longtemps d'autre breuvage qu'un liquide sans nom, puisé dans des trous fangeux, dans des salines, au fond de mares nauséabondes, peuvent en comprendre l'intensité.

Notre camp fut établi dans la jungle, près d'un étroit ravin à fond vaseux, d'où ruissellent une partie des eaux qui forment les sources du Roungoua. Ce n'était là qu'un échantillon des nombreux bourbiers

---

Travaillant pendant la saison sèche, les fourmis blanches construisent leurs édifices en leur donnant une grande hauteur, environ trois mètres, de sorte que, pendant l'inondation, elles peuvent vivre en sûreté dans les étages supérieurs. C'est au-dessus que les naturels se rassemblent alors, comme des troupeaux de bêtes, se frottant le corps de cendre de charbon de bois, afin de se préserver du froid (V. notre éd. du *Lac Albert* par sir Sam. Baker, p. 29). Dans la vallée du Kidi, Speke s'en est servi pour observer le pays par-dessus les hautes herbes (*Sources du Nil*, p. 280). Dans le Calahari, non loin du pays de Merico, Baldwin assure que ces fourmilières ont quatre mètres de hauteur en moyenne et même six mètres (*Du Natal au Zambèze*, p. 197). Enfin, dans le Voyage de Schweinfurth *au cœur de l'Afrique*, nous verrons Abd-ès-Sâmate monter sur une termitière, pour défier ses perfides ennemis (ch. VI, de notre édition abrégée). — J. B.

que nous aurions à franchir; les uns de quelques pas
seulement, les autres de plusieurs centaines de mètres;
bourbiers parfois recouverts de roseaux et de papyrus,
ou offrant à leur surface des centaines de filets d'une
eau rougeâtre et visqueuse, remplie d'animalcules.

Là, nous fûmes rejoints par un individu qui, après
l'échange des salutations, m'apprit qu'il venait de la
part de Simba, chef du Caséra, province méridionale
du Mouézi.

Simba, ou le Lion, était fils de Mkésihoua, chef du
Gnagnembé, et se trouvait alors en guerre avec les
habitants du Zavira, contre lesquels on m'avait mis
en garde. Il avait entendu parler de mon opulence, en
des termes si pompeux qu'il était désolé de me voir
prendre une autre route que la sienne, car il perdait
ainsi l'occasion de me témoigner son amitié. Mais,
puisqu'il n'avait pas l'avantage de recevoir ma visite,
il m'envoyait cette ambassade, dans l'espoir que je
voudrais bien lui donner une marque d'affection, sous
la forme d'un présent d'étoffe.

Bien que surpris de cette demande, je crus qu'il
était sage de me faire un ami de ce chef puissant, avec
lequel je pouvais avoir maille à partir lors de mon
retour; et, puisque je devais lui faire un cadeau, il
fallait que celui-ci fût royal. J'envoyai donc à Simba
deux choukkas splendides; plus, deux dotis de cotonnade, et, si je dois en croire l'ambassadeur chargé de
ce riche présent, je me suis fait du Lion de Caséra un
ami pour toujours.

Nous entrâmes bientôt dans le redoutable pays de
Zavira; nous n'y rencontrâmes pas un ennemi. Simba,

dans ses différentes campagnes, avait balayé tout le
nord de la province; et la seule chose qui frappa nos
regards fut une contrée désolée, naguère populeuse, à
en juger par le nombre des villages en ruines et celui
des cases que le feu avait détruites.

Une jungle naissante remplaçait les cultures, et
promettait avant peu une nouvelle retraite aux animaux de la forêt.

Misonghi, l'un de ces villages malheureux, fournit
à mes hommes un gîte qui n'était nullement à dédaigner.

Cinq heures de marche dans une contrée pittoresque
nous firent gagner la rivière de Mpohoua, un des
affluents du Roungoua. Près d'elle, se trouvait un
village récemment abandonné, et tel que les habitants l'avaient laissé dans leur fuite : les cases intactes, les jardins remplis de légumes, et, sur les
branches des arbres, les pénates et les lares représentés par de grands vases en terre, d'une excellente fac-
ture.

En quelques minutes, mes hommes prirent dans la
rivière voisine, seulement avec la main, soixante
poissons de la famille des silures.

Le lendemain, après une étape de quatre heures et
demie, nous arrivâmes au Mtambou, charmant ruisseau, à l'onde fraîche et douce, rapide et transparente,
qui se dirige vers le nord. C'est là que nous vîmes
pour la première fois la demeure du lion et du léopard. Écoutez ce qu'en a dit Freiligrath :

« Où l'impénétrable fouillis d'épines, de broussailles, de lianes, comble l'espace que laissent entre

eux les arbres ; où les branches enlacées ne permettent pas au jour d'éclairer le sol ; là se retire le lion, le plus puissant des animaux, leur monarque. Là son droit au rang suprême ne lui est pas contesté. Là il se couche et s'endort après avoir tué et s'être repu de chair et de sang. Là il se repose ou rampe à l'aventure, selon sa volonté souveraine... »

Le camp fut dressé à quelques pas de l'une de ces demeures royales. Tandis qu'on le fortifiait, l'homme qui était chargé de nos bêtes les conduisit à l'abreuvoir, et ne trouva pour gagner l'eau qu'un tunnel pratiqué dans la jungle, par les éléphants et les rhinocéros. A peine la petite bande entrait-elle dans ce passage ténébreux, qu'un léopard sauta à la gorge de l'un des ânes et s'y cramponna fortement. La douleur fit jeter à la victime des braîments effroyables, auxquels ceux des autres ânes se joignirent de telle sorte que l'agresseur lâcha prise et se sauva tout effaré. Les blessures du baudet, affreuses à voir, étaient néanmoins peu dangereuses.

Les habitants du Rousahoua, district du Cahouendi, forment une population très-nombreuse et sont bons pour les étrangers. Ils en voient cependant bien rarement : c'est tout au plus s'ils ont chaque année la visite d'un ou deux hommes de la Mrima, qui passent en revenant du Pumbourou et du Sohoua. Ils ont en effet si peu d'ivoire à vendre que cela ne suffit pas à attirer les traitants sur cette route peu fréquentée.

L'état de guerre où se trouvait le pays m'avait fait penser à nous rendre droit au Tanguégnica ; néanmoins, après mûre délibération, mes notables affirmèrent qu'il

valait mieux aller droit au nord et gagner le Malagarazi, affluent considérable du Tanguégnica, où il
arrive du levant. Mais personne de ma bande ne connaissait la route, et le chef d'Imréra ne voulut per-
mettre à aucun de ses hommes de nous servir de
guide.

Suivant les indigènes, le Malagarazi n'était qu'à
deux étapes. Je crus cependant nécessaire de donner
à mes hommes des rations pour trois jours. Malheureusement, bien qu'Itaga, où nous étions campés,
possède des champs d'une grande étendue, et que ses
habitants cultivent le sorgho, la patate, les haricots
et le manioc, dont ils font du tapioca, on n'y saurait
acheter un poulet, à n'importe quel prix. La seule
chose que nous pûmes nous y procurer, en dehors du
grain, fut une chèvre d'une extrême maigreur, im-
portée du Vinza, à une époque lointaine.

Le lendemain 25 octobre ne me rappelle que de
mauvais souvenirs ; à dater de ce jour, les difficultés
du droit de passage reparurent.

Le 29 octobre, presqu'à la sortie du camp, nous
eûmes sous les yeux l'une des plus belles scènes que
j'aie rencontrées en Afrique. Une vue sublime, mais
peu encourageante : d'un côté, des ravins sauvages,
déchirant le pays dans tous les sens, bien qu'en général leur direction fût nord-ouest ; de l'autre, des
masses de grès, masses énormes et quadrangulaires,
ou formant des tours, des pyramides, des mamelons,
des cônes tronqués, des cirques hérissés de pointes,
bosselés de rocailles et entièrement nus. On n'aperce-
vait de végétation nulle part, excepté dans quelques

fissures, et à la base d'escarpements rougeâtres, où un peu de terrain avait glissé.

Une longue série de descentes, parmi des roches désagrégées et des blocs menaçants, nous menèrent au fond d'un ravin, dont les falaises se dressaient à plus de trois cents mètres au-dessus de nos têtes. Dans ses nombreux détours, la gorge s'élargit et se transforma en une plaine inclinée au couchant. Mais nous voulions aller au nord, et nous nous engageâmes dans une petite chaîne, où des rochers sourcilleux portaient des villages déserts.

Un grand figuier-sycomore, qu'elle faisait paraître nain, s'élevait à côté d'une masse rocheuse de vingt-deux mètres de haut et quarante-cinq de diamètre ; ce fut là que nous nous arrêtâmes, après cinq heures et demie d'une marche rapide et continue.

Il y avait alors vingt heures que mes gens avaient mangé leur dernier débris de viande, leur dernière poignée de grain. Je n'avais plus que sept cents grammes de farine. C'était peu de chose pour quarante-cinq affamés. Mais il me restait treize kilos de thé et neuf de sucre. Je commençai par mettre les chaudrons sur le feu. Pendant que l'eau chauffait, des groupes, détachés de la bande, coururent à la recherche des fruits sauvages, et rapportèrent bientôt des panerées de tamarins et de pêches sauvages, auxquels s'ajouta, pour chacun de mes hommes, un litre d'un excellent breuvage fortement sucré.

Le soir, dans une invocation faite à voix haute, nos musulmans prièrent Allah de leur envoyer des vivres.

Chacun se leva de bonne heure, et partit bien résolu à ne s'arrêter qu'à l'endroit où l'on pourrait acheter des provisions. Heureusement, le soir même, nos
pourvoyeurs revenaient, chargés glorieusement, d'un
village appelé Ouelled Nzogéra (le fils de Nzogéra).
Par là nous connûmes que nous étions dans le Vinza,
dont le grand chef, Nzogéra, était en guerre avec
Loanda Mira au sujet de quelques salines, situées
dans la vallée du Malagarazi. Il en résultait qu'il
semblait difficle de gagner le pays de Djidji par la
route ordinaire; mais le fils de Nzogéra consentait,
moyennant gratification, à nous fournir des guides; et,
en prenant au nord, nous n'aurions rien à craindre.

Conséquemment, le 31 octobre, en quittant le pied
de la montagne sur laquelle le fils de Nzogéra a cons-
truit sa citadelle, nous avons marché pendant longtemps à l'est-nord-est afin d'éviter une portion infranchissable du marais qui se trouvait entre nous et le
Malagarazi. La vallée s'inclinait rapidement vers cette
fondrière, dont le large sein recueille les eaux de trois
chaînes considérables. Prenant ensuite au nord-ouest,
nous nous sommes préparés à franchir le marais.

Tel qu'il nous est apparu, il offre une largeur de
quelques centaines de mètres, recouvertes d'un lacis
d'herbe très-serré, auquel se mêle beaucoup de ma-
tière en décomposition. Au milieu de cette étendue
et voilé par la couche herbeuse, passe un large cours
d'eau, profond et rapide. Les guides ouvraient la marche, suivis de mes hommes, qui n'avançaient qu'avec
précaution. En arrivant au centre, nous avons commencé à voir le pont mouvant, dont la nature nous

avait si curieusement dotés, surgir et s'affaisser en lourdes ondulations languissantes, pareilles au mouvement de la houle quand la mer s'endort après la tempête. Où passaient les ânes, la vague herbue s'élevait à plus de trente centimètres. Tout à coup la jambe de l'un d'eux a crevé ce pont mobile. La pauvre bête ne pouvant pas en sortir, le trou s'est creusé, s'est agrandi et promptement rempli d'eau. Toutefois avec le secours de dix hommes, je suis parvenu à enlever l'âne et à le remettre sur une couche plus ferme, d'où nous lui avons fait lestement gagner la rive.

Le marais fut franchi sans autre accident.

1er *novembre.* Ayant marché au nord-ouest, et descendu la pente d'une montagne, nous avons enfin contemplé le Malagarazi. Nous en avons suivi la rive gauche pendant quelques kilomètres et nous sommes arrivés à des villages qui avaient pour gouverneur un chef nommé Kiala.

Il nous a élevé des difficultés qui m'ont empêché de traverser aujourd'hui la rivière, comme je l'avais espéré. On nous a dit, de sa part, de faire un camp avant d'entrer en négociations. Nous avons voulu discuter ; on nous a répondu que nous étions libres de passer la rivière, si tel était notre désir ; mais que pas un homme du pays ne nous viendrait en aide.

Obligé de subir cette halte, j'ai fait dresser ma tente au milieu d'un village, et serrer les ballots dans une case, où ils sont gardés par quatre de mes soldats, et j'ai envoyé une ambassade à Kiala, fils aîné du grand chef, pour le prier d'autoriser notre caravane, toute pacifique, à passer la rivière.

Peu s'en est fallu que nous n'ayons été obligés de combattre pour y parvenir, au bout de trois jours de discussion avec des gens plus insatiables que ceux du Gogo.

Enfin le 3 novembre, vers dix heures, une caravane composée de quatre-vingts natifs du pays de Gouhha, province située à l'ouest du Tanguégnica, est arrivée du pays de Djidji. J'ai demandé les nouvelles.

« Un homme blanc est là-bas, depuis trois semaines ; » m'a-t-on répondu.

Cette réponse m'a fait tressaillir.

« Un homme blanc ? ai-je repris.

— Oui, un homme blanc.

— Comment est-il habillé ?

— Comme le maître (c'était moi qu'on désignait).

— Est-il jeune ?

— Non, il est vieux ; il a du poil blanc sur la figure. Et puis il est malade.

— D'où vient-il ?

— D'un pays qui est de l'autre côté du Gouhha, très-loin, très-loin, et qu'on appelle Mégnéma.

— Vraiment ! Et il est bien à Djidji ?

— Nous l'avons vu il n'y a pas huit jours.

— Pensez-vous qu'il y soit encore lorsque nous arriverons ?

— Je ne sais pas.

— Y est-il déjà venu ?

— Oui ; mais il y a longtemps. »

Hourrah ! C'est Livingstone ! C'est Livingstone ! ce ne peut être que lui.

J'ai donc dit à mes hommes que, s'ils voulaient

gagner le pays de Djidji sans faire de halte, je leur donnerais à chacun huit mètres d'étoffe. Tous ont accepté; leur joie était presque aussi grande que la mienne; et j'étais d'une joie folle.

Mais nous comptions sans nos hôtes. A peine étions-nous arrivés à Cahouanga que le chef nous a fait savoir qu'il était le grand moutouaré du Kimégni (division orientale de l'Ouhha), grand péager du roi Kiha, et le seul qui, dans la province, pût recevoir le tribut; en conséquence il nous engageait, dans notre intérêt même, à lui envoyer sur-le-champ douze dotis de belle étoffe : cela réglerait notre position une fois pour toutes et lui serait fort agréable.

Après une discussion chaleureuse qui n'a pas duré moins de six heures, le moutouaré n'a rabattu que deux dotis. L'affaire a été réglée d'après ce chiffre; mais il était bien entendu que, moyennant ces quarante mètres d'étoffe, nous pouvions traverser l'Ouhha tout entier sans payer de nouvelle taxe.

Cependant, dès le lendemain, Mionvou, nouveau grand moutouaré du Kimégni, menaçait de m'attaquer si je ne payais pas le passage. Il prétendit que le chef de Cahouanga avait reçu les dix dotis pour son propre compte et non pour celui du roi, au nom duquel il exigeait, lui, quatre cents mètres d'étoffe.

Revenu de ma stupéfaction, qui était inexprimable, j'ai offert le dixième.

« Dix dotis au roi de l'Ouhha ! dix dotis ! Vous ne sortirez pas de Loucomo que vous n'ayez tout donné. »

Sans rien répondre, je me suis retiré dans la hutte que l'on avait nettoyée pour moi, et j'ai fait venir

Bombay, Asmani, Mabrouki et Choupérê, afin de tenir conseil.

« Je me battrai, leur dis-je, et nous passerons. »

Ils furent terrifiés, et tous me conseillèrent de payer.

« Allez donc, Asmani et Bombay ; offrez-en vingt d'abord. Si Mionvou les refuse, donnez-en trente. S'il le faut, ajoutez-en dix. Prodiguez les paroles ; montez lentement, doti par doti ; mais ne dépassez pas quatre-vingts. S'il en veut davantage, je me battrai, je tuerai Mionvou ; je le jure. Partez, et soyez prudents. »

Bref, à neuf heures du soir, j'ai fait porter à Mionvou ce qui avait été convenu : soixante-quatre dotis pour le roi, six pour lui-même et cinq pour ses subordonnés. Total, soixante-quinze doubles choukkas ou trois cents mètres d'étoffe, un ballot tout entier et le quart d'un autre. C'était exorbitant.

Le lendemain, comme nous passions près du village fortifié de Cahirigi, on nous apprit qu'il était la résidence et la propriété du père d'un roi de l'Ouhha. L'annonce fut mal accueillie, car nous y pressentions un nouveau guêpier.

Effectivement, à peine étions-nous là depuis deux heures que deux Zanzibariens entrèrent dans ma tente. Je les reconnus pour des esclaves de Thani ben Abdallah, notre Fleur-des-pois du Gnagnembé. Ces deux hommes venaient de la part du roi pour réclamer le tribut ; ils demandaient de nouveau trente dotis : un demi-ballot !

Si j'écrivais les pensées que roula mon esprit en entendant ces paroles, j'en serais choqué plus tard. J'é-

tais d'une colère !... Colère n'est pas le mot ; c'était de
la fureur, de la rage — une folie désespérée. Me battre
et mourir, plutôt que de céder à ces misérables. Mais,
en vue du pays de Djidji ! A quatre jours de cet homme
blanc, qui doit être Livingstone ! Car c'est lui, à
moins qu'il ne se soit dédoublé. — Ciel miséricor-
dieux ! Que faire ?

D'après les deux Zanzibariens, cinq autres chefs sont
encore sur la route, à deux heures les uns des autres,
et chacun prélève tribut, à l'instar des précédents.

Voilà qui m'a donné un certain calme ; j'aime
mieux connaître le pire des choses. Savoir tout ce qui
est à craindre est toujours un avantage.

Cinq chefs de plus ! Nous sommes ruinés ; c'est
bien évident. En face de cette évidence, que nous
reste-t-il à faire ? Comment rejoindre Livingstone
sans être réduit à la mendicité ?

J'ai renvoyé les deux hommes, puis j'ai appelé Bombay. Je lui ai dit d'aller, avec Asmani, débattre le
droit de passage, et de le régler au plus bas prix possible. Après cela, j'ai pris ma pipe et, me coiffant du
bonnet des sages, je me suis mis à réfléchir. Au bout
d'une demi-heure, mon plan était fait. Cette nuit
même, il sera exécuté.

Dès que le tribut a été payé, ce dont chacun s'est
montré joyeux, bien que toute la diplomatie de Bombay, toute sa casuistique n'ait pu en faire descendre le
chiffre qu'à vingt-six dotis, j'ai fait revenir les deux
Zanzibariens, et leur ai demandé le moyen d'éviter
les chefs qui sont devant nous et prélèvent la taxe du
passage.

Étonnés de la question, ils ont d'abord déclaré que ce n'était pas possible. Mais finalement, après de longs discours, l'un d'eux a répondu qu'à minuit ou un peu plus tard, il nous servirait de guide, et nous ferait gagner la jungle qui se trouve entre l'Ouhha et le Vinza. Nous traverserons le fourré dans la direction de l'ouest, et nous arriverons au Caranga, sans plus avoir d'ennuis. Le guide est certain du fait, pourvu que le départ soit nocturne et que j'obtienne de mes gens un silence complet, afin de ne réveiller personne. Il a demandé pour salaire quarante mètres d'étoffe. Mais, plus d'impôt d'ici à Djidji; pas même une choukka. Inutile d'ajouter que j'ai consenti avec joie.

La chose arrangée, il nous restait beaucoup à faire. D'abord nous devions nous procurer des vivres pour les quatre jours que nous allions passer dans la jungle. J'ai envoyé aussitôt des hommes, avec de l'étoffe, acheter du grain à n'importe quel prix. Avant huit heures, nous en avions pour six jours. Décidément le sort nous est favorable.

7 novembre. Je ne me suis pas couché. Un peu avant minuit, la lune commençant à paraître, mes gens ont quitté le village, par petits groupes de quatre à la fois. A trois heures, toute la bande était dehors, sans avoir causé la moindre alarme.

Pendant deux jours, mon stratagème réussit merveilleusement : mais, le 9, une méprise faillit tout perdre. Au moment où le ciel commençait à blanchir, nous sortîmes de la jungle, et nous nous trouvâmes sur le grand chemin : un sentier battu. Le guide, se croyant hors de l'Ouhha, jeta un cri de joie que tous nos hommes répétèrent. Chacun de presser le pas, d'avancer avec plus de vigueur, quand tout à coup nous nous sommes trouvés aux abords d'un village, dont les habitants se réveillaient.

Le silence fut réclamé et la bande s'arrêta. J'allai rejoindre le guide. Il ne savait comment faire. Pas le temps de réfléchir. J'ordonnai de tuer les chèvres, de les laisser sur la route, d'égorger les poulets; et je dis au guide de traverser hardiment le village.

La caravane passa rapidement et en silence, avec ordre de se jeter dans la jungle qui se voyait au midi de la route. J'attendis, la carabine au poing, que le dernier homme eût disparu. Prenant alors mes petits servants d'armes, qui étaient restés avec moi, je passai à mon tour. Comme nous sortions du village, un homme sauta hors de sa case, et poussa un cri d'alarme, auquel répondit un bruit de voix; on aurait dit une dispute. Mais la jungle nous cacha bientôt et, nous hâtant de fuir la route, nous tournâmes au sud en inclinant à l'ouest.

Je crus un moment que nous étions poursuivis. Je me plaçai derrière un arbre pour arrêter ceux qui allaient paraître; mais personne n'arriva.

Enfin nous passâmes un ruisselet, eau limpide, dont je pris le doux murmure pour un souhait de bienvenue : et la frontière de l'Ouhha était franchie; nous étions dans le Caranga. Des cris d'une joie folle saluèrent cet événement.

Nous trouvâmes alors un chemin facile, une route unie, que chacun de nous foula d'un pas élastique;

pressant la marche et ne sentant plus de fatigue.

Arrivés près de Niamtaga, nous entendons le tambour, et voyons les gens se sauver dans les bois. On nous prend pour des Rouga-Rouga, les brigands de Mirambo, qui, après avoir vaincu les Arabes du Mouézi, vont attaquer ceux du Djidji. Le roi lui-même s'enfuit, et tous ses sujets, hommes, femmes et enfants, le suivent épouvantés. Nous entrons dans le village, dont nous prenons possession. J'y fais dresser ma tente, chacun de nous s'y établit. Enfin le bruit se répand que nous sommes des Zanzibariens arrivant du Gnagnembé, et les habitants reparaissent.

« Mirambo est donc mort? s'écrient-ils.

— Non, malheureusement.

— Comment avez-vous fait pour passer?

— Nous avons pris par le Conongo, le Cahouendi et l'Ouhha. »

Tous se mettent à rire de leur frayeur et nous font leurs excuses.

Je rentre dans ma tente pour écrire les faits du jour. En prenant la plume, j'ai dit à Sélim : « Tirez de la caisse mes habits neufs, graissez mes bottes, passez au blanc mon casque de liége, mettez-lui un voile neuf, afin que je paraisse en tenue convenable devant l'homme que nous verrons demain, et devant les Arabes de Djidji; car les épines ne m'ont laissé que des haillons. »

Le lendemain nous partons avec une vigueur renouvelée.

Enfin, là-bas, une lueur, un miroitement entre les arbres. En face de nous, la chaîne de l'autre rivage du

Tanguégnica, une muraille d'un noir lavé d'azur. Puis l'immense nappe d'argent bruni, sous un vaste dais d'un bleu limpide. Pour draperies, de hautes montagnes ; pour crépines, des forêts de palmiers. Hourrah! Tanguégnica! Toute la bande répète ce cri de joie de l'Anglo-Saxon; des hourrahs de stentors; et forêts et collines partagent notre triomphe.

« Est-ce de là que Burton et Speke l'ont découvert? demandé-je à Bombay.

— Je ne me rappelle pas, maître ; dans tous les cas, c'est aux environs. »

Pauvres éprouvés ! L'un était à demi paralysé, l'autre à peu près aveugle, quand ils arrivèrent [1].

Et moi? — J'étais si heureux, qu'aveugle et paralysé tout à fait, je crois qu'à ce moment suprême j'aurais recouvré la vue, pris mon lit et marché.

Mais je me porte à merveille; je n'ai pas été malade un jour depuis que j'ai quitté Couihara.

Nous reprenons haleine au bord d'un petit ruisseau ; et nous escaladons le versant d'une chaîne, dont le roc est nu, — la dernière des myriades de ses pareilles que nous avons eu à gravir, — chaînette qui nous empêchait de voir le lac dans son immensité.

Nous voilà au sommet; nous gagnons la pente occidentale. Arrêtons-nous : le port de Djidji est à moins de cinq cents mètres, dans un bouquet de verdure.

La distance, les forêts, les montagnes sans nombre,

_____

1. Voir notre édition des *Voyages du capitaine Burton* p. 175. — J. B.

les épines qui nous ont mis en sang, les plaines arides qui ont brûlé nos pieds, le ciel en feu, les marais, les déserts, la faim, la soif, la fièvre, ont été vaincus. Notre rêve est réalisé!

« Déployez les drapeaux et chargez les armes.

— Oui, par Allah! Oui, par Allah, maître! répondent des voix ardentes.

— Un, deux, trois!... »

Près de cinquante fusils rugissent. Leur tonnerre, pareil à celui du canon, produit son effet dans le village.

« Kirangozi, portez haut la bannière de l'homme blanc. Qu'à l'arrière-garde flotte le drapeau de Zanzibar. Serrez la file, et que les décharges continuent jusque devant la maison du vieil homme blanc! »

Nous n'avions pas fait deux cents mètres que la foule se pressait à notre rencontre. La vue de nos drapeaux faisait comprendre qu'il s'agissait d'une caravane; mais la bannière étoilée qu'agitait fièrement Asmani, dont le visage n'était qu'un immense sourire, produisit dans la foule un moment d'incertitude : c'était la première fois qu'elle paraissait dans le pays. Néanmoins, parmi les spectateurs, ceux qui avaient été à Zanzibar l'avaient vue sur le consulat et sur plusieurs navires; ils la reconnurent, et les cris de « la bannière d'un blanc! la bannière américaine! » dissipèrent tous les doutes.

Gens de dix provinces, Zanzibarites, indigènes et Arabes, nous entourent et nous assourdissent de leurs « bonjour, maître » adressés à chacun de nous.

8

Trois cents mètres nous séparent encore du village.
La foule augmente; on se presse autour de moi. Tout
à coup, au milieu des *yambo*, j'entends dire à ma
droite :

« *Good morning, sir!* »

Je retourne vivement la tête, cherchant qui a pro-
féré ces paroles; et je vois une figure du plus beau
noir, celle d'un homme tout joyeux, portant une
longue robe blanche, et coiffé d'un turban de calicot,
un morceau de cotonnade américaine, autour de sa
tête laineuse.

« Qui diable êtes-vous? demandé-je.

— Je m'appelle Souzi, le domestique du docteur
Livingstone; dit-il avec un sourire qui découvrit une
double rangée de dents éclatantes.

— Le docteur est ici?

— Oui, monsieur.

— Dans le village?

— Oui, monsieur.

— En êtes-vous bien sûr?

— Très-sûr; je le quitte à l'instant même.

— *Good morning, sir!* dit une autre voix.

— Encore un! m'écriai-je.

— Oui, monsieur.

— Votre nom!

— Chumâ.

— L'ami de Vouikotani?

— Oui, monsieur.

— Le docteur va bien?

— Non, monsieur.

— Où a-t-il été pendant si longtemps?

— Dans le Mégnéma [1].

— Souzi, allez prévenir le docteur.

— Oui, monsieur. » Et il partit comme une flèche.

Nous étions encore à deux cents pas ; la multitude nous empêchait d'avancer. Des Arabes et des Zanzibariens écartaient les indigènes pour venir me saluer, car, d'après eux, j'étais un des leurs. « Mais comment avez-vous pu passer ? » C'était là leur surprise.

Souzi revint bientôt, toujours courant, me prier de lui dire comment on m'appelait. Le docteur, ne voulant pas le croire, lui avait demandé mon nom ; et il n'avait su que répondre.

Mais, pendant les courses de Souzi, la nouvelle que cette caravane, dont les fusils brûlaient tant de poudre, était bien celle d'un blanc, avait pris de la consistance. Les plus marquants des Arabes du village, Mohammed ben Sélim, Séïd ben Medjid, Mohammed ben Ghérib, d'autres encore, s'étaient réunis devant la demeure de Livingstone ; et ce dernier était venu les rejoindre pour causer de l'événement.

Sur ces entrefaites, la caravane s'arrêta, le kirangozi en tête, portant sa bannière aussi haut que possible.

« Je vois le docteur, monsieur, me dit Sélim. Comme il est vieux ! »

Que n'aurais-je pas donné pour avoir un petit coin de désert où, sans être vu, j'aurais pu me livrer à quelque folie : me mordre les mains, faire une cul-

1. Pays situé au N. de celui des Londas et à l'O. du Tanguégnica. — J. B.

bute, fouetter les arbres; enfin donner cours à la joie qui m'étouffait! Mon cœur battait à se rompre; mais je ne laissais pas mon visage trahir mon émotion, de peur de nuire à la dignité de ma race.

Prenant alors le parti qui me parut le plus digne, j'écartai la foule, et me dirigeai, entre deux haies de curieux, vers le demi-cercle d'Arabes devant lequel se tenait l'homme à barbe grise.

Tandis que j'avançais lentement, je remarquais sa pâleur et son air de fatigue. Il avait un pantalon gris, un veston rouge et une casquette bleue, à galon d'or fané. J'aurais voulu courir à lui; mais j'étais lâche en présence de cette foule. J'aurais voulu l'embrasser; mais il était Anglais, et je ne savais pas comment je serais accueilli [1].

Je fis donc ce que m'inspiraient la couardise et le faux orgueil; j'approchai d'un pas délibéré, et dis en ôtant mon chapeau :

« Le docteur Livingstone, je présume?

— Oui, » répondit-il en soulevant sa casquette, et avec un bienveillant sourire.

Nos têtes furent recouvertes, et nos mains se serrèrent.

« Je remercie Dieu, repris-je, de ce qu'il m'a permis de vous rencontrer.

— Je suis heureux, dit-il, d'être ici pour vous recevoir. »

Je me tournai ensuite vers les Arabes, qui m'adres-

1. On sait qu'en Angleterre le savoir-vivre exige qu'on ne parle qu'aux personnes qui vous ont été présentées individuellement. — J. B.

saient leurs *yambos*, et que le docteur me présenta, chacun par son nom. Puis, oubliant la foule, oubliant ceux qui avaient partagé mes périls, je suivis Livingstone.

Il me fit entrer sous sa véranda — simple prolongation de la toiture — et m'invita de la main à prendre le siége dont son expérience du climat d'Afrique lui avait suggéré l'idée : un paillasson posé sur la banquette de terre qui représentait le divan ; une peau de chèvre sur le paillasson ; et pour dossier, une autre peau de chèvre, clouée à la muraille, afin de se préserver du froid contact du pisé. Je protestai contre l'invitation ; mais il ne voulut pas céder ; et il fallut obéir.

Nous étions assis tous les deux. Les Arabes se placèrent à notre gauche. En face de nous, plus de mille indigènes se pressaient pour nous voir, et commentaient ce fait bizarre de deux hommes blancs se rencontrant à Djidji, l'un arrivant du Mégnéma, ou du couchant ; l'autre du Gnagnembé, ce qui était venir de l'est.

L'entretien commença. Quelles furent nos paroles ? Je déclare n'en rien savoir. Des questions réciproques, sans aucun doute.

« Quel chemin avez-vous pris ?

— Où avez-vous été depuis vos dernières lettres ? »

Oui, ce fut notre début, je me le rappelle ; mais je ne saurais ni dire mes réponses, ni les siennes ; j'étais trop absorbé. Je me surprenais regardant cet homme merveilleux, le regardant fixement, l'étudiant et l'apprenant par cœur. Chacun des poils de sa barbe grise,

chacune de ses rides, la pâleur de ses traits et son air
fatigué, empreint d'un léger ennui, m'enseignaient
ce que j'avais soif de connaître, depuis le jour où
l'on m'avait dit de le retrouver. Que de choses dans
ces muets témoignages ! que d'intérêt dans cette lecture!

Je l'écoutais en même temps. Ah! si vous aviez pu
le voir et l'entendre ! Ses lèvres, qui n'ont jamais
menti, me donnaient des détails ! Je ne peux pas répéter ses paroles, j'étais trop ému pour les sténogra-
phier. Il avait tant de choses à dire qu'il commençait
par la fin, oubliant qu'il avait à rendre compte de
cinq ou six années. Mais le récit débordait, s'élargis-
sant toujours, et devenait une merveilleuse histoire.

Les Arabes se levèrent, comprenant, avec une déli-
catesse dont je leur sus gré, que nous avions besoin
d'être seuls. Je leur envoyai Bombay pour leur dire
les nouvelles, qui malheureusement les touchaient de
trop près. Séid ben Medjid, l'un d'eux, était le père
du vaillant Saoud, qui s'était battu à côté de moi à
Zimbiso, et que les gens de Mirambo avaient tué le
lendemain dans les bois de Vouillancourou. Tous
avaient des intérêts dans le Gnagnembé, tous y avaient
des amis; ils devaient être impatients d'apprendre ce
qui les concernait.

Je donnai des ordres pour que mes gens fussent ap-
provisionnés; puis je fis appeler Kéif Halek, et le présentai au docteur en lui disant que c'était l'un des
soldats de sa caravane, restée à Couihara, soldat que
j'avais amené pour qu'il remît en mains propres les
dépêches dont il était chargé. C'était le fameux sac,

daté du 1er novembre 1870, et qui arrivait trois cent soixante-cinq jours après sa remise au porteur. Combien de temps serait-il resté à Tabora, si je n'avais pas été envoyé en Afrique?

Livingstone ouvrit le sac, regarda les lettres qui s'y trouvaient, en prit deux qui étaient de ses enfants, et son visage s'illumina.

Puis il me demanda les nouvelles.

« D'abord vos lettres, docteur; vous devez être impatient de les lire.

— Ah! dit-il, j'ai attendu des lettres pendant des années; maintenant j'ai de la patience; quelques heures de plus ne sont rien. Dites-moi les nouvelles générales; que se passe-t-il dans le monde?

— Vous êtes sans doute au courant de certains faits? Vous savez, par exemple, que le canal de Suez est ouvert, et que le transit y est régulier entre l'Europe et l'Asie?

— J'ignorais qu'il fût achevé. C'est une grande nouvelle. Après? »

Et me voilà transformé en *Annuaire du Globe*, sans avoir besoin ni d'exagération, ni de remplissage à deux sous la ligne; le monde a vu tant de choses surprenantes dans ces dernières années! Le chemin de fer du Pacifique, Grant président des États-Unis, l'Égypte inondée de savants, la révolte des Crétois, Isabelle chassée du trône, Prim assassiné, la liberté des cultes en Espagne, le Danemark démembré, l'armée prussienne à Paris, l'homme de la Destinée à Wilhemshöhe, la reine de la mode en fuite, l'enfant impérial à jamais découronné, la dynastie des Napo-

léon éteinte par Bismark et par de Moltke, la France
vaincue....

Quelle avalanche de faits pour un homme qui sort
des forêts vierges du Mégnéma ! En écoutant ce récit,
l'un des plus émouvants que l'histoire ait jamais
permis de faire, le docteur s'était animé ; le reflet de
la lumière éblouissante que jette la civilisation éclai-
rait son visage.

Pendant notre conversation, nous nous étions mis
à table, et Livingstone, qui se plaignait d'avoir perdu
l'appétit, de ne pouvoir digérer au plus qu'une tasse
de thé, de loin en loin, Livingstone mangeait comme
moi, en homme affamé, en estomac vigoureux ; et tout
en démolissant les gâteaux de viande, il répétait :
« Vous m'avez rendu la vie, vous m'avez rendu la vie.»

« Oh ! par George, quel oubli ! m'écriai-je. Vite
Sélim, allez chercher la bouteille ; vous savez bien.
Vous prendrez les gobelets d'argent. » Sélim revint
bientôt avec une bouteille de Sillery que j'avais apportée pour la circonstance ; précaution qui m'avait
souvent paru superflue. J'emplis jusqu'au bord la
timbale de Livingstone, et versai dans la mienne un
peu du vin égayant.

« A votre santé, docteur.

— A la vôtre, monsieur Stanley. »

Et le champagne, que j'avais précieusement gardé
pour cette heureuse rencontre, fut bu, accompagné
des vœux les plus cordiaux, les plus sincères.

Nous parlions, nous parlions toujours ; les mets ne
cessaient pas de venir ; toute l'après-midi, il en fut
ainsi ; et chaque fois l'attaque recommençait.

Halimâ, la ménagère du docteur, n'en revenait pas. Sa tête, à chaque instant, sortait de la cuisine pour s'assurer de ce fait, qu'il y avait bien là deux hommes blancs, sous cette véranda, où elle n'en voyait qu'un d'habitude, un qui n'avalait rien. Était-ce donc possible? Elle qui avait eu peur que son maître n'appréciât jamais ses talents culinaires, faute de le pouvoir! Et le voilà qui mangeait, mangeait, mangeait encore! Son ravissement tenait du délire.

Nous entendions sa langue courir à toute vapeur, rouler et claquer, pour transmettre à la foule le fait incroyable dont elle l'ébahissait.

Bonne et fidèle créature! Tandis qu'elle épanchait son ivresse, le docteur me racontait ses loyaux services; sa terrible anxiété lorsqu'elle avait appris que la caravane qui arrivait était celle d'un blanc; comment elle était venue le trouver, l'accablant de questions, le quittant pour s'assurer du fait; et son désespoir de la misère du garde-manger, et ses efforts pour créer au moins l'ombre d'un repas, sauver les apparences. « Car enfin, maître, c'est un des nôtres? » Puis sa joie en voyant mes porteurs. « Un homme riche, monsieur! De l'étoffe et des perles, tout plein, tout plein! Parlez-moi encore des Arabes! Qu'est-ce que c'est auprès des blancs? Les Arabes, grand'chose, en vérité! »

Des heures passèrent; nous étions toujours là, l'esprit occupé des événements du jour. Tout à coup je me rappelai ses dépêches, qu'il n'avait pas lues.

« Docteur, lui dis-je, et vos lettres? Je ne vous retiens pas plus longtemps.

— Oui, répondit-il, je vais les lire. Il est tard; bon soir, et que Dieu vous comble de ses bénédictions.

— Bonne nuit, docteur; permettez-moi d'espérer que les nouvelles que vous allez apprendre seront au gré de vos désirs. »

Et maintenant, lecteur, que vous savez comment j'ai retrouvé Livingstone, à vous aussi, je souhaite le bonsoir.

CHAPITRE VI

LIVINGSTONE ET SES DÉCOUVERTES.

D. Livingstone et moi nous projetons d'aller étudier l'extrémité septentrionale du Tanguégnica. — Le Docteur amasse des travaux et des études considérables. — Son caractère est excellent. — Il s'est fait un devoir de ne revenir en Europe qu'après avoir achevé la tâche qu'il s'est donnée. — Sa religion est toute de charité. — Sommaire des découvertes qu'il a faites entre mars 1866 et octobre 1871. — Désertion et mensonge des Anjouannais. — Le Cazembé et la reine sa femme. — Les lacs Bangouéolo, Moéro et Kémolondo sont unis par la rivière de Webb. — Ne pas confondre la Chambési avec le Zambèse, ni la rivière de Webb avec le Congo. — Le lac Chéboungo ou Lincoln. — Ce qui reste à faire pour rendre certaine la découverte des sources du Nil. — Les brigandages des traitants arabes soulèvent les populations.

Je m'éveillai de bonne heure et demeurai stupéfait : j'étais dans une chambre, non dans ma tente. Ah! oui! me rappelai-je, j'ai retrouvé Livingstone, et je suis dans sa maison. Je prêtai l'oreille pour que le fait me fût confirmé par le son de sa voix; je n'entendis rien que le rugissement des vagues.

Je restai tranquillement dans mon lit. Dans mon lit! N'était-ce pas un rêve? Coucher primitif : quatre pièces de bois, des feuilles de palmier en guise de plumes, un sac de crin sous ma tête, et pour draps ma peau d'ours; néanmoins c'était un lit. Je m'habillai sans bruit dans l'intention d'aller flâner au bord du lac, en attendant le réveil de mon hôte. J'ouvris ma porte; elle grinça horriblement. Je gagnai la véranda.

« Comment, docteur, déjà levé?

— Bonjour, monsieur Stanley; je suis content de vous voir; j'espère que vous avez bien dormi? Quant à moi, je me suis couché tard; j'ai lu toutes mes lettres. Vous m'avez apporté de bonnes et de mauvaises nouvelles. Mais asseyez-vous. »

Il me fit une place à côté de lui.

« Oui, reprit-il, beaucoup de mes amis sont morts. Tom, l'aîné de mes fils, c'est-à-dire le second, a eu un grave accident. Mais son frère Oswald étudie la médecine et l'on me dit qu'il travaille bien. Agnès, ma fille aînée, a fait avec la famille de sir Parafine Young une promenade sur l'eau qui a été pour elle un grand plaisir. Sir Roderick est en bonne santé, et me dit qu'il m'attend. Vous le voyez, je vous dois une masse de nouvelles. »

Ce n'était pas un rêve; il était bien là, et ne paraissait pas vouloir partir [1]. Je le regardais constamment pour bien m'en assurer. J'en avais eu si grand'peur pendant tout mon voyage!

« Maintenant, lui dis-je, vous vous demandez sans doute pourquoi je suis venu?

1. Souvenir de la conversation que Stanley avait eue à Zanzibar avec le Dr. Kirk et qui est rapportée dans notre premier chapitre de ce volume. — J. B.

— C'est vrai, répondit-il; je ne me l'explique pas.
Quand on m'a dit que vous aviez des bateaux, une
foule de gens, des bagages en quantité, j'ai cru que
vous étiez un officier français, envoyé par votre gouvernement pour remplacer le lieutenant Le Saint, qui
est mort à quelques kilomètres de Gondocoro. Je l'ai
pensé jusqu'au moment où j'ai vu le drapeau des
États-Unis. A vrai dire, j'ai été bien aise de m'être
trompé; car je n'aurais pas pu lui parler français et,
s'il n'avait pas connu l'anglais, c'eût été bien triste :
deux Européens se rencontrant dans le pays de Djidji
et ne pouvant se rien dire! Hier, je ne vous ai pas
demandé ce qui vous amenait, — discrétion toute
naturelle; — car cela ne me regardait pas.

— Par amour pour vous, répliquai-je en riant, je
suis heureux d'être Américain et non pas Français;
au moins nous pouvons nous entendre. Mais sérieu-
sement, docteur, — ne vous effrayez pas, — je courais
après vous.

— Après moi?

— Oui.

— Comment cela?

— Connaissez-vous le *New-York Herald?*

— Qui n'en a pas entendu parler?

— Eh bien, sans le consentement de son père, sans
lui en avoir rien dit, M. James Gordon Bennett, fils
du propriétaire du *Herald,* m'a donné la mission de
vous chercher, de rapporter, au sujet de vos découvertes, ce qu'il vous plaira de me dire; et de vous
aider de tout mon pouvoir, de toutes mes ressources,
de vous assister dans toute l'étendue de mes moyens.

— M. Bennett vous a dit de me chercher, de me trouver, de me secourir? Je ne m'étonne plus de l'éloge que vous m'en avez fait hier.

— Certes, repris-je, il est tel que je vous l'ai dépeint : c'est un homme ardent, généreux, loyal ; je le répète avec orgueil.

— Je lui suis très-obligé, dit Livingstone ; je me sens fier de penser que vous autres, Américains, vous me portez un si vif intérêt. Vous êtes venu fort à propos ; ce Chérif [1] m'a tout pris ; je me voyais à la mendicité. Je voudrais pouvoir exprimer ma gratitude à M. Bennett, lui dire ce que j'éprouve ; mais, si les paroles me manquent, je vous en prie, ne m'en croyez pas moins reconnaissant.

— A présent que cette petite affaire est traitée, si nous déjeunions, docteur? Permettez-vous que mon cuisinier se charge du repas?

— Certainement. Vous m'avez rendu l'appétit, et ma pauvre Halimâ n'a jamais pu distinguer le thé du café. »

Nous nous mîmes donc à table.

« A la vue de cette immense cuvette que portait l'un de vos gens, dit le docteur, j'avais bien pensé que vous étiez un homme luxueux ; mais je ne m'attendais pas à un pareil faste : des couteaux, des assiettes, de l'argenterie, des tasses avec leurs soucoupes, une théière en argent, tout cela sur un tapis de Perse, et des valets bien stylés! »

---

1. Un de ses infidèles serviteurs ; on en reparle à la fin du présent chapitre. — J. B

Ainsi débuta notre vie commune. Jusqu'à mon arrivée, je ne ressentais pour Livingstone nulle affection; il n'était pour moi qu'un but, qu'un article de journal, un sujet à offrir aux affamés de nouvelles; un homme que je cherchais par devoir, et contre lequel on m'avait mis en défiance. Je le vis et je l'écoutai. J'avais parcouru des champs de bataille, vu des révoltes, des guerres civiles, des massacres ; je m'étais tenu près des suppliciés pour rapporter leurs dernières convulsions, leurs derniers soupirs; jamais rien ne m'avait ému autant que les misères, les déceptions, les angoisses dont j'entendais le récit. Notre rencontre me prouvait que « d'en haut les dieux surveillent justement les affaires des hommes » et me portait à reconnaître la main d'une Providence qui dirige tout avec bonté.

Les jours coulaient paisiblement; nous étions heureux sous les palmiers de Djidji. Mon compagnon reprenait des forces; la vie lui revenait; il retrouvait son enthousiasme pour la tâche qu'il avait entreprise; et son ardeur au travail lui faisait vivement souhaiter d'agir. Mais que pouvait-il avec cinq hommes et soixante mètres d'étoffe?

« Connaissez-vous la partie nord du lac ? lui demandai-je un soir.

— Non, dit-il, j'ai essayé de m'y rendre; mais les naturels d'ici ont voulu me traiter de la même façon que Burton et que Speke, c'est-à-dire m'écorcher; et je n'étais pas riche. Si j'avais fait cette course, je n'aurais pas pu aller dans le Mégnéma, ce qui était bien plus intéressant. La grande ligne de drainage du centre de l'Afrique, dans cette région, est le Loualaba. Comparée à l'étude de cette ligne, la question de savoir si le Tanguégnica est uni au lac Albert par un cours d'eau n'est plus qu'insignifiante.

— A votre place, repris-je, je ne voudrais pas quitter le pays de Djidji sans avoir levé mes doutes à cet égard; il est possible qu'une fois parti, vous ne reveniez plus de ce côté. La Société géographique de Londres attache à cette question une grande importance, et déclare que vous seul êtes en position de la résoudre. Si je peux vous être utile à ce sujet, vous n'avez qu'un mot à dire. Bien que je ne sois pas venu en Afrique pour me livrer aux découvertes, je serais curieux d'avoir la solution du problème, et je vous accompagnerais volontiers. J'ai avec moi vingt hommes qui savent manier la rame. Nous avons des fusils, de l'étoffe, des perles en abondance; si vous pouvez obtenir un canot des Arabes, l'affaire est arrangée.

— Nous en aurons un, répliqua le docteur; un, de Séid ben Medjid, qui a toujours été excellent pour moi, et qui, d'ailleurs, est un parfait gentilhomme.

— Ainsi nous partons, c'est entendu?

— Quand vous voudrez.

— C'est moi qui suis à vos ordres. N'entendez-vous pas mes gens vous appeler le Grand-Maître et moi le Petit-Maître? Donc à vous d'ordonner. »

A cette époque je savais parfaitement ce qu'était Livingstone. Il est impossible de passer quelque temps avec lui sans le connaître à fond; car rien ne le déguise : ce qu'il est en apparence il l'est bien réellement. Je le dépeins tel que je l'ai vu, non tel qu'il se

représente, ou qu'on me l'avait décrit. Je ne voudrais
blesser personne ; mais, quant au portrait qu'on m'a-
vait tracé, c'est tout autre chose que j'ai eu sous les
yeux. Je n'ai pas quitté Livingstone depuis le 10 novembre 1871, jusqu'au 14 mars 1872 ; rien de sa conduite ne m'a échappé, soit au camp, soit en marche ;
et mon admiration pour lui n'a fait que grandir. Or,
de tous les endroits, le camp de voyage est le meilleur
pour étudier un homme. S'il est égoïste, emporté,
bizarre ou mauvais coucheur, c'est là qu'il fera voir
son côté faible et qu'il montrera ses lubies dans tout
leur jour.

A l'égard de ses travaux, l'énorme journal que j'ai
rapporté à sa fille répond à ceux qui l'accusent de ne
pas prendre de notes, de ne pas recueillir d'observations. Plus de vingt feuillets y sont consacrés aux seuls
relèvements qu'il a faits dans le Mégnéma ; et nombre
de pages y sont couvertes de chiffres soigneusement
alignés. Une lettre volumineuse, dont j'ai été chargé
pour sir Thomas Mac Lear, ancien directeur de l'observatoire du Cap, n'était remplie que d'observations
astronomiques. Quant à moi, pendant tout le temps
que j'ai passé près de lui, j'ai vu chaque soir mon
illustre compagnon relever ses notes avec la plus scru-
puleuse attention ; et je lui connais une grande boîte
de fer-blanc où sont des quantités de carnets, dont
un jour il publiera le contenu. Enfin, ses cartes, faites
avec beaucoup de soin, révèlent non moins de travail
que d'habileté.

Pour son caractère, prenez-y le point que vous
voudrez, analysez-le, et je vous défie d'y trouver rien

à reprendre. J'ai souvent entendu nos serviteurs discuter nos mérites respectifs. « Votre maître, disaient mes gens aux siens, votre maître est bon; il ne vous bat jamais; car son cœur est doux; mais le nôtre! c'est de la poudre. »

Toujours sa douceur reste la même, rien ne le décourage. Nulle adversité, nulle souffrance ne le fait s'apitoyer sur lui et renoncer à son entreprise.

« Ne sentez-vous pas le besoin de repos? lui demandai-je le lendemain de mon arrivée; le besoin de retrouver ceux qui vous aiment? Voilà six ans que vous avez quitté l'Europe. »

Sa réponse le peint tout entier.

« Oui, me dit-il, je serais bien heureux de revoir mon pays, d'embrasser mes enfants; mais, abandonner ma tâche au moment où elle va finir, je ne le peux pas. Il ne me faut plus que cinq ou six mois pour rattacher à la rivière de Petherick, ou au lac Albert découvert par Baker, la source que j'ai trouvée. A quoi bon partir aujourd'hui pour revenir plus tard achever ce qui peut l'être maintenant?

— Pourquoi, alors, n'avez-vous pas fini tout de suite, quand vous étiez si près du but?

— Parce que j'y ai été contraint. Mes hommes ne voulaient plus avancer. Dans le cas où je persisterais à ne pas revenir, ils avaient résolu de soulever le pays et de profiter de la révolte pour me quitter. Ma mort dans ce cas-là était certaine. Ce fut un grand malheur pour moi. J'avais reconnu près de mille kilomètres de la ligne de faîte, suivi les principaux cours d'eau qui se déchargent dans le lit central, et je n'avais plus qu'environ cent soixante kilomètres à explorer, quand la défaillance de mes gens m'a brusquement arrêté. D'ailleurs j'étais à court d'étoffe. Je suis revenu ici, faisant plus de onze cents kilomètres pour y prendre les marchandises qui devaient y être, et pour former une nouvelle caravane. Mais je n'y ai plus rien trouvé; et je suis resté sans ressources, malade d'esprit et de corps; bien malade, à la porte du tombeau. »

Avoir découvert trois lacs, reliés entre eux par le même cours d'eau [1], ne le satisfaisait pas; il voulait aller jusqu'au bout, et ne revenir qu'après avoir accompli la tâche qu'il avait acceptée. A l'accomplissement de cette tâche, qu'il regardait comme un devoir; à lui, à lui seul, il sacrifiait les joies de la famille, son repos, ses aises, les plaisirs, les raffinements de la vie civilisée.

L'héroïsme du Spartiate et l'inflexibilité du Romain se joignent chez lui à la persévérance de l'Anglo-

1. Ces lacs sont vaguement indiqués dans la carte et à la fin de l'introduction qui accompagnent notre édition des *Explorations dans l'Afrique centrale* par David et Ch. Livingstone. On les retrouvera plus régulièrement donnés dans deux cartes du *Tour du monde* n° 758 et 759, où l'on verra que le lac Liemmba qu'on avait, quelque temps, pris pour un quatrième amas d'eau n'est que la fin méridionale du Tanguégnica, qui conséquemment se termine seulement à 8° 50′ de lat. S., entre le 29° et le 30° degré de longitude à l'E. de Paris. Les trois lacs unis entre eux par la Louapoula, Loualaba ou Rivière de Webb, qui se dirige vers le nord au delà du 3° lat. S. entre le 23° et le 11° long. Est, sont, à partir du sud, le *Bemmba* ou *Bangouéolo*, entouré au S. et à l'O., par les monts de Lokinega, entre le 12° et le 11° lat. S.; le 26° et le 28° long. E.; le *Moero*, entre 9° 25′ et 8° 30′ lat. S., et du 25° 40′ au 26° 30′ long. E; enfin le *Kémolondo*, entre 7° 10′ et 6° 25′ lat. S., du 23° 30′ au 26° long. E. — J. B.

Saxon. Ne pas abandonner son œuvre, bien qu'il sou-
pire ardemment après la vue de ceux qu'il aime; ne
pas renoncer à ses obligations tant qu'elles ne seront
pas remplies; ne pas revenir tant qu'il n'aura pas
écrit le mot FIN, telle est sa résolution, quel que soit
le sacrifice qu'elle exige.

Mais son principe est de bien faire ; et la conscience
qu'il a d'y mettre tous ses efforts, tous ses soins, le
rend heureux dans une certaine mesure.

Il a du reste un fond de gaieté inépuisable. J'ai cru
d'abord que c'était l'effet du moment, une crise
joyeuse due à mon arrivée ; mais, comme cette bonne
humeur s'est maintenue jusqu'à la fin, je dois penser
qu'elle lui est naturelle. Sa gaieté est sympathique.
Son rire est contagieux; dès qu'il éclate, vous l'imitez
forcément; tout chez lui s'en mêle : il rit de la tête
aux pieds. S'il raconte une histoire, un trait plaisant,
il le fait de telle façon que vous êtes convaincu de la
vérité du fait. Sa figure s'épanouit, elle s'éclaire de
toute la finesse que va contenir son récit, et vous êtes
sûr d'avance que cela vaut la peine d'être écouté.

Sous l'extérieur usé que je lui avais trouvé d'abord,
il avait un esprit d'une vigueur et d'une vivacité re-
marquables. L'enveloppe, ridée par la fatigue et par
la maladie, plutôt que par les années, recouvrait une
âme pleine de jeunesse et d'une sève exubérante. Sa
verve ne tarissait pas. C'étaient chaque jour des bons
mots, des anecdotes sans nombre, des histoires de
chasse merveilleuses, dans lesquelles ses anciens amis :
Vardon, Cumming, Webb, Oswell, jouaient les principaux rôles.

Une autre chose dont j'étais singulièrement frappé, c'était sa prodigieuse mémoire ; il me récitait des poëmes entiers de Byron, de Burns, de Tennyson, de Longfellow, d'autres encore, et après tant d'années passées en Afrique, sans livres !

Étudier Livingstone en laissant dans l'ombre le côté religieux serait faire une étude incomplète. Il est missionnaire ; mais sa religion n'est pas du genre théorique : elle parle peu et n'a pas le verbe haut ; c'est une pratique sérieuse et de tous les instants. Elle n'a rien d'agressif, elle ne s'annonce pas : elle se manifeste par une action bienfaisante et continue. La piété prend chez lui ses traits les plus aimables ; elle règle sa conduite non-seulement envers ses serviteurs, mais à l'égard des indigènes, des musulmans, en un mot de tous ceux qui l'approchent ; elle a adouci, affiné cette nature ardente, cette volonté inflexible, et fait, de cet homme, dont l'énergie est effrayante, le maître le plus indulgent, le compagnon le plus sociable.

Tous les dimanches, il réunit son petit troupeau, lui fait la lecture des prières, ainsi que d'un chapitre de la Bible ; puis, du ton le moins affecté, il prononce une courte allocution ayant rapport au texte qu'il vient de lire. Ces quelques paroles, dites en langage du littoral, sont écoutées par la petite bande avec un visible intérêt.

Enfin, chez Livingstone, un dernier point dont se réjouiront tous ses amis, tous ceux qui ont du goût pour les études géographiques, c'est la force de résistance qu'il oppose à l'effroyable climat de cette région ;

et, par suite, l'énergie avec laquelle il peut poursuivre ses travaux.

Un soir je pris mon livre de notes; et, questionnant le docteur sur son voyage, je me mis en devoir d'écrire ce qui tomberait de ses lèvres. Sans hésiter à me répondre, il me raconta ce qu'il avait fait et enduré depuis six ans; épreuves et travaux dont voici le résumé.

Le docteur Livingstone a quitté Zanzibar en mars 1866. Le 7 du mois suivant, il partait de la baie de Minkindiny pour l'intérieur de l'Afrique. Il était accompagné de douze cipahis [1], de neuf Anjouannais, de sept affranchis et de deux indigènes des bords du Zambèse. Six chameaux, trois buffles, deux mules et trois ânes faisaient partie de la caravane.

Les douze cipahis, qui formaient l'escorte de la bande, étaient pour la plupart munis de carabines d'Enfield que le gouvernement de Bombay avait données au docteur.

Outre les dix balles d'étoffe et les deux sacs de verroterie qui devaient défrayer l'expédition, les porteurs étaient chargés de caisses remplies d'effets, de médicaments, d'instruments de toute espèce, tels que sextant, baromètres, thermomètres, chronomètres, horizon artificiel.

La caravane suivit d'abord la rive gauche de la Rovouma, l'une des routes les plus difficiles qui existent: un sentier errant au travers d'un fourré, dont il cher-

---

1. Naturels enrégimentés et dressés à l'européenne ; nous les appelons *cipaïes* aux Indes et *spahis* en Algérie. — J. B.

che les passes les moins impénétrables, sans s'inquiéter de la direction dans laquelle il s'égare ; sentier qu'il fallait élargir. Les porteurs y marchaient sans trop de peine ; mais les chameaux n'y pouvaient faire un pas sans que la cognée leur eût ouvert le chemin. Ce mode de voyage, très-lent par lui-même, le devint d'autant plus que les cipahis et les Anjouannais s'arrêtaient fréquemment et refusaient de travailler. Peu de temps après le départ, ils avaient commencé à se plaindre, et leur mauvais vouloir, qui se traduisait à chaque instant, eut bientôt recours aux moyens hostiles. Dans l'espérance d'arrêter le voyageur et de le contraindre à revenir sur ses pas, ils traitèrent les animaux avec tant de cruauté que, peu de jours après, il n'en restait plus un seul. L'expédient n'ayant pas réussi au gré de leurs désirs, ils essayèrent de soulever les indigènes contre l'homme blanc, en l'accusant de pratiques étranges frisant la sorcellerie. Comme l'accusation était dangereuse et qu'elle menaçait d'aboutir, Livingstone jugea convenable de renvoyer les cipahis, ce qu'il fit sans retard, en leur donnant toutefois les ressources nécessaires pour regagner la côte.

Le 8 juillet, la petite caravane, diminuée de ses douze cipahis, arrivait dans un village de l'Ouahiao, situé à huit jours de marche de la Rovouma, au sud de cette rivière ; village d'où l'on domine la ligne de faîte qui, de ce côté, porte ses eaux dans le lac ou *gnassa* des Maraouis. Entre la Rovouma et cette bourgade est un pays inhabité, où la petite bande souffrit beaucoup de la faim, et s'amoindrit encore par suite de désertions.

Au commencement d'août, elle arriva chez Mponda qui demeurait près du lac. Une nouvelle désertion lui avait enlevé deux hommes.

De Mponda, Livingstone se rendit à l'extrémité nord du lac dans un village qui avait pour chef un Babisa [1]. Ce chef, qui était affligé d'une maladie de la peau, demanda au voyageur un médicament qui pût le guérir. Avec sa bonté ordinaire, Livingstone s'arrêta pour soigner le malade. Quand il en voulut partir, les Anjouannais, effrayés par le prétendu voisinage des Mazitous, désertèrent tous, et ce furent eux qui, pour expliquer leur retour honteux, répandirent à Zanzibar le conte de l'assassinat commis sur Livingstone [2].

Si le docteur n'avait pas eu l'assistance des indigènes, il aurait dû renoncer à continuer son voyage. « Heureusement, me dit-il avec émotion, en quittant les bords du *Gnassa*, j'entrais dans une région où le marchand d'esclaves n'avait pas encore pénétré ; et, comme toujours en pareil cas, j'y trouvais des gens réellement hospitaliers ; ils me traitèrent du mieux qu'il leur fut possible, et, pour une faible rétribution, me portèrent mes bagages de bourgade en bourgade. »

En sortant de cette région hospitalière, ce qui eut

1. Les Babisas forment une tribu généralement adonnée au commerce et installée à l'O. du lac du Maraouis. Voir *Explorations du Zambèse*, éd. complète, p. 464 et 506. — J. B.

2. Voir notre introduction aux *Explorations dans l'Afrique australe* par David et Ch. Livingstone, de la p. IX à la p. XVI. — J. B.

lieu au commencement de décembre, le voyageur entra dans une province où les Mazitous avaient exercé leurs rapines, et où recommencèrent des difficultés qui se renouvelaient sans cesse. Nonobstant, le docteur traversa le Babisa, le Bobemba, le Baróungou, le Ba-Ouloungou et le Londa.

C'est dans cette dernière province que demeure le fameux Cazembé, dont l'Europe a entendu parler pour la première fois par le docteur Lacerda, voyageur portugais [1].

Cazembé est un homme robuste et de grande taille, surtout un prince des plus intelligents. Il reçut Livingstone avec pompe : vêtu d'une singulière jupe, en étoffe cramoisie, à grands ramages, qui paraît être son costume d'apparat, et entouré de ses dignitaires et de ses gardes du corps.

Un chef, qui avait reçu du Roi, et des Anciens, l'ordre de prendre sur le voyageur le plus de renseignements possibles, assistait à la réception, et prononça d'une voix sonore le résultat de son enquête. Il avait entendu dire que l'homme blanc était venu dans le pays pour en étudier les ruisseaux, les rivières et les lacs. Bien qu'il ne sût deviner quel intérêt pouvait avoir l'homme blanc à connaître des eaux qui lui étaient étrangères, il ne doutait pas que ce ne fût dans une louable intention.

Cazembé demanda alors au voyageur quel était son

---

1. Le Cazembé actuel est l'arrière petit-fils de celui que Lacerda a visité en 1799. Les Cazembés sont de puissants feudataires des Matiamvos, chefs suprêmes et héréditaires du Londa. — H. L.

but, et à quel endroit il avait le projet de se rendre.
Livingstone répondit que son désir était d'aller vers
le sud, parce qu'il avait entendu dire que, dans cette
direction, existaient des lacs et des rivières.

« Vous n'avez pas besoin d'aller au midi pour cela,
reprit Cazembé. Nous avons de l'eau ici ; elle abonde
dans le voisinage. »

Toutefois, avant de lever la séance, il donna des
ordres pour que l'homme blanc pût circuler dans tous
ses États sans être inquiété en aucune façon. « C'est,
dit-il, le premier Anglais que je vois, et il a mon
amitié. »

Dès le commencement de la visite, la reine avait
fait son entrée à la cour , suivie d'une quantité de
lances, portées par des amazones. Jeune et jolie, et de
grande taille, elle comptait évidemment sur ses charmes pour impressionner l'homme blanc; car elle s'était
parée de ses atours les plus royaux, et tenait en main
une énorme lance. Mais son aspect imprévu, et ses
frais de toilette, d'une bizarrerie inimaginable, provo-
quèrent chez Livingstone un rire qui détruisit l'effet
rêvé ; car le rire du docteur, ce rire si contagieux,
gagna bientôt la dame, puis ses amazones, puis tous
les courtisans. Très-déconcertée de ce joyeux succès,
la reine s'enfuit avec sa garde féminine, faisant une
sortie des moins majestueuses, comparée surtout à la
marche solennelle qui l'avait précédée [1].

---

1. Voici cette anecdote racontée un peu différemment : « La
« principale épouse du Cazembé est une belle femme, ayant de
« beaux traits et une grande taille; sa main droite tenait deux
« lances. Les notables qui faisaient cercle autour de moi s'écar-

Le docteur a sur cette reine intéressante, sur ce roi et sur toute leur cour, infiniment à dire; mais, qni mieux que lui peut raconter ces bonnes histoires? D'ailleurs elles lui appartiennent, et je ne veux pas les déflorer.

S'éloignant du Tanguégnica, Livingstone traversa le Méroungou et atteignit le lac Moéro, dont la longueur est d'une centaine de kilomètres. A l'extrémité méridionale du Moéro, qu'il n'avait pas cessé de côtoyer, il trouva l'embouchure d'une rivière venant du sud et nommée Louapoula. Le docteur remonta cette rivière et la vit sortir du Bangouéolo, grand lac dont la superficie égale à peu près celle du Tanguégnica.

En étudiant les affluents de ce nouveau lac, Livingstone acquit la certitude que le Chambési, qu'il avait rencontré dans le Londa, en était le plus considérable, et de beaucoup. Ainsi donc, après avoir suivi le Chambési depuis sa source, placée vers le dixième parallèle, jusqu'au lac Bangouéolo, il le retrouvait s'échappant de l'extrémité nord de celui-ci, et allant, sous le nom de Louapoula, se jeter dans le Moéro.

Il revint alors chez Cazembé sachant, cette fois, que la rivière qu'il avait vue se diriger au nord sur trois degrés de latitude, ne pouvait pas être le Zam-

« tèrent devant elle et m'invitèrent à la saluer, ce que je fis
« aussitôt; mais, comme elle se trouvait à une quarantaine de
« mètres, instinctivement je lui fis signe d'approcher. Mon
« geste renversa la gravité de son escorte, qui éclata de rire;
« la reine en fit autant et prit la fuite avec tout son monde. »
— *Dernier journal de Livingstone*, t. I, p. 271. Hachette, 1876.

bèse et n'avait rien de commun avec celui-ci, malgré
la ressemblance du nom.

Ensuite il remonta jusqu'au Tanguégnica.

Ce fut de Djidji, où il s'arrêta en mars 1869, que
Livingstone écrivit les lettres qui démentirent le bruit
de sa mort, répandu, comme nous l'avons dit précé-
demment, par Mousa et par ses Anjouannais, pour
excuser leur désertion.

Le docteur y passa trois mois. Pendant ce séjour,
il voulut explorer la partie nord du lac, ayant la
pensée qu'un effluent s'en échappait et se dirigeait vers
le Nil; mais, comme on l'a vu, les exigences des Arabes
et des indigènes l'obligèrent à renoncer à ce dessein.

Livingstone passa ensuite sur la rive occidentale
du lac, à la fin de juin 1869, et se dirigea vers le
Roua en compagnie d'un certain nombre de traitants.
Quinze jours de marche, presque directement à
l'ouest, l'amenèrent à Bambarri, premier entrepôt
d'ivoire du Mégnéma. Il y fut retenu pendant six
mois par des ulcérations graves qu'il avait aux pieds,
et d'où s'échappait une sérosité sanguinolente lorsqu'il voulait marcher.

Sitôt qu'il fut guéri, le voyageur partit dans la direction du nord. Quelques jours après, il rencontra
une rivière lacustre, d'une largeur de deux à cinq kilomètres, et qui se traînait au nord, à l'ouest, parfois
au sud, de la manière la plus confuse. A force de persistance, il parvint à suivre cette rivière dans son
cours erratique, et la vit entrer, par environ 6° 30' de
latitude méridionale, dans un lac de forme étroite et
longue, appelé le Kémolondo.

Il remonta cette rivière, continua à marcher au sud, et se trouva au point où il avait vu la Louapoula entrer dans le Moéro, dont elle sortait sous le nom de Loualaba.

Il faut entendre Livingstone décrire les beautés du Moéro, dépeindre ce magnifique paysage, où de hautes montagnes enferment le lac de toute part et déploient jusqu'au bord de l'eau même le splendide manteau dont les couvre la riche végétation des tropiques. Une profonde déchirure de l'enceinte laisse échapper le trop plein du lac ; l'eau impétueuse se jette en rugissant dans cette gorge étroite, y roule avec le fracas du tonnerre ; et, la passe franchie, s'étend calme et paresseuse dans le vaste lit du Loualaba.

Pour distinguer cette dernière partie de la rivière d'autres cours d'eau, qui, dans le pays, portent le même nom, le docteur l'a nommée *Rivière de Webb*, en l'honneur du propriétaire de Newstead Abbey [1], qui est l'un des amis les plus anciens et les plus sûrs de Livingstone.

Au sud-ouest du lac Kémolondo, que va rejoindre le Webb, est un autre grand lac qui se décharge dans cette rivière par un cours d'eau important nommé Loéki ou Lomami. Ce lac, que les naturels nomment Chéboungo, a reçu de Livingstone le nom de *Lincoln*, en mémoire de celui qui a émancipé quatre millions

---

1. Abbaye célébrée, au xiiiᵉ chant de *Don Juan*, par lord Byron, qui l'avait habitée et aux ancêtres duquel elle a appartenu ; elle est dans le comté de Nottingham (Angleterre). Le *Monde illustré*, du 26 nov. 1859 (n° 137) en donne la représentation et la description. — J. B.

d'Africains, brisé à jamais l'esclavage en Amérique et dont le souvenir, entre tous, doit être cher à la race nègre. Ainsi l'illustre voyageur écossais a élevé, à l'Américain qui s'est acquis l'approbation de tous les amis de l'humanité, un monument plus durable que la pierre ou l'airain.

Un peu au nord de sa sortie du Kémolondo, le Webb reçoit la Loufira, grande rivière qui vient du sud-ouest. Quant aux autres affluents du Webb, le nombre en est tellement considérable que la carte du docteur n'aurait pu les contenir; les plus importants y ont seuls trouvé place.

Continuant à marcher vers l'équateur et suivant toujours les crochets sans nombre du Webb-Loualaba, Livingstone arriva au quatrième degré de latitude, où il entendit parler d'un autre lac situé au nord et dans lequel se jetait sa rivière....

C'est là qu'il fut brusquement arrêté.

Si brève, si incomplète qu'elle soit, nous espérons que cette esquisse des travaux de Livingstone fera comprendre au lecteur superficiel, non moins qu'au géographe, ce grand système lacustre, dont les nappes d'eau sont reliées par le Webb.

Livingstone est persuadé que cette rivière qui, sous différents noms, coule d'un lac à un autre, en se dirigeant au nord par de nombreux détours, est la partie supérieure du Nil, du véritable Nil. Les sinuosités, les courbes profondes que cette longue artère décrit à l'ouest, voire au sud-ouest, lui avaient, au début, inspiré des doutes qu'il a gardés pendant longtemps. Il avait d'abord présumé que c'était le Congo; mais, plus tard, il a découvert que ce dernier avait pour origine le Cassaï et le Couango, deux rivières dont la source est au versant occidental de la ligne de faîte qui sépare les deux bassins, à peu près sous la même latitude que le lac Bangouéolo.

Donc, pour Livingstone, la rivière de Webb ne peut pas être le Congo; et cela en raison de sa longueur et de son volume, enfin de son cours décidément septentrional, dans une vallée flanquée de hautes montagnes sur les deux rives.

Malgré la certitude qu'il paraissait avoir à l'égard du Loualaba, il admettait que le problème des sources du Nil n'était pas encore résolu, et cela par deux motifs :

1º On lui avait signalé quatre fontaines dont les eaux se déversaient moitié au nord, dans le Loualaba, autrement dit dans le Webb, et moitié dans une rivière coulant au sud, c'est-à-dire dans le Zambèse. Les indigènes lui avaient parlé de ces fontaines à diverses reprises. Plusieurs fois il n'en avait pas été à plus de cent soixante kilomètres ; toujours quelque chose l'avait empêché de les atteindre.

D'après ceux qui les avaient vues, ces quatre fontaines sortaient d'une légère éminence, complétement terreuse, que certains individus appelaient une fourmilière. L'un de ces bassins était si large, disaient les mêmes témoins, que du bord on ne distinguait pas l'autre rive.

Le docteur ne suppose pas que ces fontaines soient plus méridionales que les sources du lac Bangouéolo. Dans la lettre qu'il a écrite au *New-York Herald*, il fait observer que ces quatre bassins, où l'eau surgit et donne naissance à quatre grandes rivières, partant du même endroit, répondent jusqu'à un certain point à la description des sources du Nil que rapporte Hérodote, et que le père des voyageurs avait reçue dans la ville de Saïs, de la bouche du trésorier de Minerve [1].

Il faut, me disait Livingstone, que ces fontaines soient découvertes et qu'on en prenne la position.

2° La rivière de Webb doit être suivie jusqu'à sa réunion avec une partie quelconque du vieux Nil. Quand ces deux choses seront accomplies, mais seulement alors, le mystère des sources sera complétement résolu.

Dans la vallée du Webb, habitée par une population paisible et industrieuse, Livingstone a assisté à de véritables brigandages commis par les Arabes [2].

Partout les traitants ont fait de même; si actuellement, de Bagamoyo à Djidji, leur conduite est différente, c'est qu'ils ont été contraints d'en changer. Les tribus se rassurent; à leur tour elles ont des mousquets, et les représailles commencent [3]. Les Arabes menacent actuellement de leur vengeance ceux qui donneraient des armes à feu aux indigènes. Mais la faute est commise; il est maintenant trop tard. Com-

---

1. Hérodote, livre II, § 28 ; p. 94 de la trad. de Giguet ; libr. Hachette. — J. B.

2. Voir *Tour du Monde* ; p. 63, du second trimestre de 1875. — J. B.

3. Schweinfurth a été le témoin de défaites infligées aux Khartoumiens par les Bangas, les Baboucres et les Niam-Niams. Voir notre édition de son voyage *Au cœur de l'Afrique*, chap. VI et VII. — J. B.

ment n'ont-ils pas vu la folie qu'ils faisaient en armant les peuplades les plus belliqueuses? Elles leur ont d'abord servi d'auxiliaires, et l'ont fait avec ardeur; elles y gagnaient d'être à l'abri du rapt et d'étendre leurs conquêtes. Puis, une fois leur domination établie, une fois le sol balayé des timides dont le territoire, les biens, les personnes étaient l'objet des convoitises, les pourvoyeurs ont tourné leurs fusils contre les imprudents qui les leur avaient donnés.

Autrefois les Arabes ne prenaient que leur bâton de voyage et allaient partout, suivis seulement de quelques mousquets. Maintenant, en dépit de leur escorte, toujours plus nombreuse, ils ne marchent plus sans crainte. A chaque pas ils se sont créé un péril. Ils ont semé le danger, et l'ont semé pour tout le monde; pour les bons d'entre eux comme pour ceux d'une autre race. Livingstone était rentré le 16 octobre 1871 à Djidji, presque mourant.

Le soir de son retour, voyant Chumâ et Souzi, ses deux fidèles, qui pleuraient amèrement, il leur en demanda la cause.

« Nous n'avons plus rien, monsieur, répondirent-ils; plus d'étoffe : Chérif a tout vendu! »

Un instant après, Chérif se présenta, ayant l'audace de tendre la main à Livingstone. Celui-ci le repoussa en lui disant qu'il ne serrait pas la main d'un voleur; sur quoi cet homme lui donna pour excuse qu'il avait consulté le Coran. Le livre sacré lui avait dit que le docteur était mort; et, l'étoffe n'ayant plus de maître, il l'avait troquée pour de l'ivoire. A son tour l'ivoire avait été vendu, le prix dépensé; et le voyageur était sans ressources. Quand j'étais arrivé, il avait à peine de quoi vivre pendant un mois; après cela, il aurait été dans l'obligation de tendre la main aux Arabes.

Le docteur se plaignait vivement de ce que ses objets d'échange avaient été confiés à des esclaves, malgré les fréquentes prières qu'il avait adressées à Zanzibar pour que tout lui fût amené exclusivement par des hommes libres. En répétant dans chacune de ses lettres que ces derniers seuls méritaient confiance, et qu'il ne fallait pas compter sur les autres, Living-stone n'écrivait rien de neuf. Il y a trois mille ans qu'Eumée disait à Ulysse :

« Jupiter a établi cette règle invariable : le jour, quel qu'il soit, où un homme est réduit en esclavage, cet homme perd la moitié de ce qu'il vaut. »

Plusieurs journées s'étaient écoulées depuis mon arrivée à Djidji; elles avaient été heureuses; mais nous devions songer à notre course sur le Tanguégnica. Livingstone allait de mieux en mieux; ses forces augmentaient graduellement sous l'influence du régime que je lui faisais suivre, avec l'aide de mon cuisinier.

Nous passions le milieu du jour sous la véranda, causant de nos projets et les discutant, revenant sur les dernières années et anticipant sur l'avenir. Matin et soir nous nous promenions sur la grève, afin de respirer la brise, qui était toujours assez fraîche pour rider la surface de l'eau et pour chasser sur le sable l'onde inquiète.

Le temps était délicieux; nous étions dans la saison sèche; et, malgré la pureté du ciel, le thermomètre ne dépassait jamais, à l'ombre, 26°5.

CHAPITRE VII

LE ROUSSIZI.

Embarquement à Djidji. — Beauté des rives orientales du Tanguégnica et félicité de leurs habitants. — Nous sommes volés
à Mécoungo et nous manquons de l'être près du cap Sen-
takeyi. — D'après Macamba, le Roussizi se jette dans le lac.
— Son embouchure est dans les possessions de Rouhïnga. —
Il sort du lac Kivo. — Extrémité septentrionale du Tanguégnica et bouches du Roussizi. — Le lac Albert doit être moins
étendu vers le sud que ne l'a figuré Baker. — Les îlots du
New-York Herald. — Dispute avec les cannibales du pays
de Sansi. — Retour à Djidji.

L'exploration de la partie septentrionale du Tanguégnica avait été décidée entre le docteur et moi, par
suite de l'intérêt qui s'attachait à la question du Roussizi, question sur laquelle on a tant discuté, et qui
alors était toujours pendante.

Livingstone, depuis 1869, désirait la résoudre et
avait, comme on l'a vu, accepté avec empressement
l'offre que je lui avais faite.

Non-seulement les indigènes, mais les Arabes nous
répétaient que le Roussizi sortait du lac; et nous

supposions qu'il se rendait au lac Albert, ou à celui de Victoria.

Séid ben Medjid nous avait dit que sa pirogue pouvait porter vingt-cinq hommes et seize cents kilogrammes d'ivoire. Comptant sur cette assurance, nous avions embarqué vingt-cinq de nos gens, dont quelques-uns s'étaient munis de sacs de sel dans l'intention de faire un peu de commerce; mais à peine avions-nous quitté la rive qu'il y fallut revenir. Le canot, trop chargé, enfonçait jusqu'au bord. Six hommes furent remis à terre, le sel également; et nous restâmes avec seize rameurs; plus Sélim, Férajji et les deux guides.

Pour la première nuit, nous nous arrêtâmes dans la baie splendide de Kigoma.

Le lendemain, en face des hautes collines du Bemba, la teinte de l'eau parut annoncer une grande profondeur; nous jetâmes la sonde, elle indiqua soixante-quatre mètres; nous étions alors à un kilomètre et demi de la côte.

La rangée de montagnes revêtue d'une herbe d'un vert éclatant, d'où s'élevaient de grands bois, et qui plongeait ses flancs abrupts jusqu'au fond du lac où elle jetait ses promontoires, déroulait devant nous des beautés qui nous en faisaient espérer d'autres, sans jamais que notre espoir fût déçu. A chacune de ses pointes que nous doublions, c'étaient de nouvelles surprises; dans chacun de ses plis, un tableau ravissant, des bouquets d'arbres couronnés de fleurs et d'où s'exhalaient des parfums d'une suavité indicible.

Je n'avais rien vu de pareil depuis que j'étais en
Afrique, rien de semblable à ces hameaux de pêcheurs,
enfouis dans des bosquets de palmiers, de bananiers,
de figuiers du Bengale et de mimosas; bosquets entourés de jardins et de petites pièces de terre, dont les
épis luxuriants regardaient l'eau transparente, où se
reflétaient les cimes qui leur servaient d'abri contre
la tempête.

Évidemment, les pêcheurs qui habitent ces parages
trouvent leur situation bonne. Le poisson abonde;
les pentes rapides, cultivées par les femmes, produi-
sent du sorgho et du maïs en quantité; les jardins
sont remplis de manioc, d'arachides, de patates; les
élaïs procurent l'huile et le breuvage; les bananiers,
des masses de fruits délicieux, et dans les ravins sont
de grands arbres, dont on fait les pirogues. La nature
prodigue aux hommes en cet endroit tout ce qu'ils
peuvent désirer; ils ne conçoivent rien au delà. C'est
quand on voit tous ces éléments d'un bonheur, qui
pour eux est parfait, que l'on pense à ce qu'ils doivent souffrir, lorsque, arrachés de ces lieux, ils tra-
versent les déserts qui les en sépareront pour toujours; lorsqu'ils marchent traînant leurs chaînes et
conduits par ces hommes qui les ont achetés huit
mètres de cotonnade, pour leur faire faire la cueillette
du girofle ou le métier de portefaix.

Tous les deltas des rivières que reçoit le Tanguégnica sont entourés d'une épaisse ceinture de papyrus
et de matétés, ceinture qui, à certaines places, acquiert
une grande largeur. Au fond de quelques-unes de ces
jungles, parfois impénétrables, comme celles des bou-

ches du Louaba et du Casocoué, sont des étangs paisibles, qui servent de retraite à une multitude de canards, de sarcelles, d'oies, d'ibis, de grues, de pélicans, de cigognes, de bécassines, d'alcyons, etc., que les fondrières, la fièvre et le hallier protégent contre le chasseur.

A Mécoungou, on nous demanda le tribut. Bien que l'étoffe et les grains de verre m'appartinssent, le docteur, en raison de son âge, de son expérience, et de sa grand'maîtrise, fut chargé de traiter l'affaire.

Le matéco, chef de troisième ordre, réclamait deux dotis et demi, soit dix mètres de cotonnade. Livingstone répondit à cela en demandant si l'on ne nous apportait rien ?

« Non, fut-il répliqué; le jour est fini, il est trop tard; mais, si vous payez le tribut, le chef vous donnera quelque chose quand vous repasserez. »

Le docteur se mit à rire, et dit au chef qui arrivait : « Puisque vous attendez notre retour pour nous faire un présent, je payerai quand nous reviendrons. »

Déconcerté d'abord, le matéco réfléchit, puis en revint à sa demande.

« Apportez-nous un mouton, reprit le docteur, un petit mouton; nos estomacs sont vides; il est tard, et nous avons faim depuis la moitié du jour. »

L'appel fut entendu; le vieux chef s'empressa de nous envoyer un agneau, accompagné de douze ou quinze litres de vin de palme, et reçut en échange ses dix mètres d'étoffe.

L'agneau fut tué sans retard, et parfaitement digéré; mais le vin de palme, hélas! ce vin, à la fois

doux et capiteux, quel présent funeste ! Souzi, l'inestimable adjoint du docteur, et Bombay, le chef de mes
hommes, étaient chargés de veiller sur le canot; im-
bibés de la fatale liqueur, ils dormirent d'un sommeil
de plomb; et le lendemain nous avions à déplorer la
perte d'une foule de choses, qui, pour nous, étaient
d'un prix inestimable; entre autres, la ligne de sonde
de mon compagnon, une ligne de seize cent soixante-
trois mètres; cinq cents cartouches, faites pour mes
propres armes, et quatre-vingt-dix balles de mousquet.

Outre ces objets indispensables dans une contrée
hostile, on nous avait enlevé un sac de farine, et tout
le sucre du docteur.

Je me figure sans peine l'agréable surprise des fi-
lous au goût exquis du sucre, et leur étonnement à
la vue des cartouches; mais qui sait le résultat de leur
trouvaille? Cette caisse de munitions, entre leurs
mains, a pu devenir la boîte de Pandore.

Depuis cette perte qui diminuait nos moyens de
défense, nous évitions soigneusement les endroits
mal famés.

Un soir, profitant d'un beau clair de lune, nous
avions ramé jusqu'à huit heures pour gagner le cap
Sentakèyi; nous prîmes terre en un lieu désert, sur
une langue de sable, adossée à une berge de deux à
trois mètres de haut, et flanquée, de chaque côté, de
masses rocheuses en désagrégation. Notre espoir était
qu'en ne faisant pas de bruit, nous resterions ina-
perçus, et qu'après un repos de quelques heures, nous
pourrions repartir sans avoir eu d'encombre.

A notre feu, l'eau chauffait pour le thé ; à celui de nos gens, se faisait la bouillie ; quand les vedettes nous signalèrent des formes sombres qui rampaient vers le bivac. Ces formes rampantes se dressèrent à notre appel, et vinrent à nous en proférant le salut indigène : *vouaké*.

Nos hommes de Djidji, leur ayant expliqué que nous étions des Zanzibarites, leur dirent que nous partirions au lever du soleil, et ajoutèrent que, s'ils avaient quelque chose à nous céder, nous l'achèterions avec plaisir. Ils parurent très-satisfaits de cette demande : et après un instant d'entretien, pendant lequel ils nous semblèrent prendre des notes mentales sur le camp, ils s'éloignèrent en promettant de revenir au point du jour et d'apporter des vivres.

Tandis que nous savourions notre thé, les gens du guet nous avertirent de l'approche d'une nouvelle bande. Ce fut le même salut, la même manière d'observer, la même assurance d'une amitié que j'estimai beaucoup trop vive pour être sincère.

Peu de temps après, troisième visite, absolument pareille, avec des protestations de plus en plus chaleureuses ; et nous vîmes deux canots croiser, devant le bivac, d'une allure qui nous parut plus rapide que la nage habituelle.

Évidemment notre présence était connue dans les villages voisins, dont ces divers partis étaient les émissaires. Or, sur toute la route, depuis Zanzibar jusqu'au lac, jamais, sous aucun prétexte, on ne vient saluer personne après la chute du jour ; quiconque serait surpris à la nuit close, rôdant aux environs du camp, recevrait un coup de fusil. Ces allées et ces venües, cette joie exubérante au sujet de l'arrivée d'un petit nombre de Zanzibariens, arrivée qui dans le pays n'a rien d'extraordinaire, étaient bien faites pour éveiller des craintes. Nous échangions nos remarques à ce sujet, le docteur et moi, quand une quatrième bande, plus bruyante que les autres, vint nous exprimer la satisfaction qu'elle avait de nous voir, et cela dans les termes les plus extravagants.

Le souper était fini ; chacun pensa qu'il fallait agir et se hâter. Dès que la bande fut partie, nous sautâmes dans la pirogue, qui fut repoussée du rivage avec le moins de bruit possible. Il était grand temps : comme nous sortions de la pénombre projetée par la côte, je fis remarquer au docteur des formes accroupies derrière les rochers qui se trouvaient à notre droite ; d'autres corps gagnaient en rampant le sommet de ces rochers, tandis qu'un parti nombreux s'avançait à sa gauche, d'une façon non moins suspecte. Au même instant une voix nous héla en haut de la berge, juste au-dessus de l'endroit que nous venions de quitter. « Bien joué ! » cria le docteur ; et la pirogue fila rapidement, laissant derrière elle les voleurs déconfits.

Le lendemain, sur les huit heures, nous arrivions à Magala, dont le moutouaré (chef de second ordre) passait pour un homme généreux. Nous avions eu depuis notre dernier camp dix-huit heures de nage, ce qui, à raison de quatre kilomètres par heure, faisait soixante-douze kilomètres.

Du cap Magala, un des points les plus saillants de

la côte, ce dont nous profitâmes pour relever diverses positions, la grande île de Mouzimou (l'*Oubouari* de Burton) se trouve au sud-sud-ouest, et l'on voit se rapprocher rapidement les deux rives du lac, qui paraissent se rejoindre à une distance d'une cinquantaine de kilomètres. Le Tanguégnica, en cet endroit, n'a plus que douze ou seize kilomètres de large.

A la troisième bouche du Mougéré, nous trouvâmes des villages qui appartenaient à Macamba, et dans lesquels ce chef avait sa résidence.

Jamais d'homme blanc n'avait été vu par les indigènes, qui naturellement accoururent en foule pour nous voir débarquer. Tous les hommes avaient à la main une grande lance; quelques-uns y joignaient une espèce de casse-tête, et çà et là on voyait une petite hache.

Le lendemain, lorsque Macamba vint nous visiter, suivi d'un bœuf, d'un mouton et d'une chèvre, dont il nous faisait présent, je pus écouter la réponse qu'il fit au docteur à l'égard du Roussizi. Suivant lui, ce fleuve, après avoir reçu la Louanda ou Rouanda, à un jour de la côte en se rendant par terre au confluent, à deux jours en y allant en canot, venait se jeter DANS le lac.

Nous payâmes au chef, à titre de transit mais en réalité comme échange, trente-six mètres d'étoffe et quatre-vingt-dix rangs de perles de différente espèce. Je regrettai de n'avoir pas un des nombreux fichus d'indienne qui étaient restés à Couihara dans mes bagages. Ici ils auraient fait merveille.

L'affaire étant réglée, Macamba présenta son fils,

un grand jeune homme d'environ dix-huit ans, à Livingstone, en le priant de l'adopter. Avec son joyeux rire, le docteur repoussa la proposition, dont il avait compris le sens, et qui n'était faite que pour obtenir un supplément d'étoffe. Macamba prit la chose en bonne part et n'insista pas davantage.

Le troisième jour, dans la soirée, — nous devions partir le lendemain au lever de l'aurore, — Macamba vint nous faire ses adieux et nous demanda de lui renvoyer notre canot, dès que nous serions arrivés chez Rouhinga, son frère aîné, dont le territoire est au sommet du lac. Ce canot, disait-il, lui était nécessaire. Il nous priait en outre de lui laisser deux de nos hommes avec leurs fusils et des munitions, pour le cas où son ennemi viendrait l'attaquer. Cette double requête nous fit partir immédiatement.

Neuf heures après, nous étions dans le Mougihéhoua, territoire qui a pour chef le frère aîné de Macamba.

Cette contrée, où se trouve l'embouchure du Roussizi, est excessivement plate ; sa partie la plus haute n'est pas à trois mètres au-dessus du Tanguégnica ; et il renferme de nombreuses dépressions, fourrées de papyrus, de matétés gigantesques, et remplies d'eaux stagnantes, d'où s'échappent des torrents d'effluves pestilentiels.

Dans tous les endroits non marécageux, le sol est couvert de riches pâturages où s'élèvent de nombreux troupeaux, surtout des chèvres et des moutons, qui sont les plus beaux et les meilleurs que j'aie vus en Afrique.

Le fond du lac, d'une rive à l'autre, fourmille de crocodiles. J'en ai compté dix à la fois, d'un point de la grève, et le Roussizi en est encombré.

A peine étions-nous dans son village, que Rouhinga vint nous voir. C'était un homme fort aimable, très-curieux de choses nouvelles et toujours prêt à rire, bien que, d'après son compte, il n'eût pas moins de cent ans. Plus âgé que Macamba, il était loin d'avoir la dignité de son frère et d'être considéré par son peuple avec autant d'admiration et de respect; mais il connaissait mieux le pays, avait une mémoire prodigieuse, et parlait de toute la contrée avec beaucoup d'intelligence.

Les politesses d'usage terminées, après qu'il nous eut offert un bœuf, un mouton, du lait et du miel, Rouhinga fut prié de nous dire tout ce qu'il savait de la région voisine. Il s'y prêta de bonne grâce. « Cette rivière, nous dit-il, prend sa source dans le voisinage d'un lac appelé Kivo, lac aussi long que de Mougihéhoua à Mougéré, et aussi large que de Mougihéhoua au pays de Coumachagna, ce qui peut se traduire par environ vingt-neuf kilomètres de longueur sur treize de large. Le lac Kivo est entouré de montagnes au nord et au couchant. C'est du côté nord-ouest de l'une de ces montagnes que sort le Roussizi, d'abord petit ruisseau rapide ; qui, en descendant vers le Tanguégnica, se grossit de beaucoup de rivières et a déjà quatorze affluents lorsqu'il reçoit la Rouanda, qui est le plus large de tous.

« Le lac Kivo s'appelle ainsi du nom de la province dans laquelle il se trouve. D'un côté est le Moutoumbi (probablement l'Outoundi de Speke et de Baker); à l'ouest est le Rouanda; à l'est, le Roundi. »

L'étendue et la précision de ces renseignements rendaient très-difficile de les mettre en doute. Il ne nous restait plus qu'à voir déboucher la rivière.

Nous trouvâmes que l'extrémité septentrionale du Tanguégnica forme sept baies séparées l'une de l'autre par de longues pointes de sable. La quatrième, large de cinq kilomètres, s'avance plus que les autres d'environ huit cents mètres dans les terres. C'est là qu'est le delta du Roussizi.

Le sondage y accuse 1^m82 d'eau, profondeur qui se retrouve jusqu'à près de cent mètres de la bouche principale. Le courant est très-faible et n'a pas plus de seize cents mètres par heure.

Bien que nous la cherchions attentivement avec la lunette, ce n'est qu'à une distance d'environ deux cents mètres que nous découvrîmes la maîtresse branche, et cela en guettant la sortie des canots. En cet endroit, la baie n'a plus guère que deux cents mètres de large.

Nous demandons à une pirogue de nous montrer le chemin; c'est une flottille qui nous précède; pur effet de curiosité chez ceux qui la conduisent. Quelques minutes après, nous remontions le courant, alors très-rapide, — de dix à treize kilomètres à l'heure, — mais n'ayant que soixante centimètres de profondeur et neuf mètres de large.

Nous continuâmes à remonter cette branche jusqu'à huit cents mètres de l'embouchure. De cet endroit nous la vîmes s'élargir, puis se diviser en une multitude de canaux, ruisselant parmi des massifs détachés de grandes herbes, et formant un ensemble d'aspect marécageux.

Le bras occidental avait à peu près huit mètres de large; celui du levant n'en avait pas plus de six, mais avec trois de profondeur et une marche très-lente.

Chacune des bouches ayant été explorée, nous ne crûmes pas nécessaire de remonter plus haut, la rivière par elle-même n'offrant pas un intérêt qui pût dédommager d'une pareille navigation.

La question était dès lors résolue. Le Roussizi ENTRE dans le Tanguégnica et ne lui sert pas de débouché, ainsi qu'on avait pu le croire. Comme tributaire il n'est pas à comparer au Malagarazi, et ne peut être navigable, au moins dans son cours inférieur, que pour les plus petits canots. Le seul trait remarquable qu'il nous ait offert, est l'abondance de ses crocodiles. Nous n'y avons pas vu d'hippopotames, ce qui confirme son manque de profondeur.

De l'endroit où Burton et Speke s'étaient arrêtés, les montagnes semblent se rejoindre, et le lac paraît finir en pointe, ainsi que le représente la carte du premier voyage. Nous l'aurions cru nous-mêmes si nous n'étions pas allés plus loin; mais l'exploration des lieux nous a prouvé le contraire.

Je dois ajouter que, s'il n'y a plus aucun doute au sujet de la direction de cette rivière, dont le courant nous a opposé une vive résistance, et que nous avons vue ENTRER dans le lac, Livingstone n'en est pas moins persuadé que le Tanguégnica doit avoir ailleurs un effluent; toutes les nappes d'eau douce ayant, dit-il, des issues [1]. Le docteur est plus capable que moi d'établir le fait; aussi, dans la crainte de dénaturer sa pensée, je lui abandonne le soin de l'expliquer lui-même quand il en aura l'occasion.

Une chose qui lui paraît certaine et qui pour moi est évidente, c'est que Baker devra diminuer le lac Albert d'un degré de latitude, peut-être même d'une couple de degrés. Ce célèbre voyageur a prolongé son lac assez loin dans le Roundi, et a placé le Rouanda sur la côte orientale; tandis qu'une large portion, sinon la totalité de cette province, devrait être mise au nord du territoire qui, sur sa carte, porte le nom d'Ousigé. Les informations d'un homme aussi intelligent que Rouhinga ne sont pas à dédaigner; et, si le lac Albert se fût trouvé à moins de cent soixante kilomètres du Tanguégnica, ce vieux chef en aurait certainement entendu parler, en supposant qu'il ne l'eût pas visité lui-même. Originaire du Moutoumbi, il est venu de cette contrée dans le Mougihéhoua, qu'il gouverne actuellement; c'est ce qui lui a fait connaître la région dont il nous a entretenus. Il a vu Mouézi, le grand chef du Roundi; il dit qu'il est un homme d'environ quarante ans et d'une très-grande bonté.

Rien ne nous retenait plus à Mougihéhoua. Livingstone avait achevé ses observations, qui, entre autres, placent ce dernier village par 3^0 $19'$ de latitude australe.

---

1. Contentons-nous ici de dire que cette prévision théorique a été pleinement justifiée par la découverte que vient de faire Cameron du grand cours d'eau Loucouga, effluent du Tanguégnica, d'où il sort par l'extrémité S.-O. du lac. — J. B.

Les provisions ne nous manquaient pas : Rouhinga
nous avait fait présent de deux bœufs ; son frère, de
même ; et leurs femmes y avaient joint une quantité
de lait et de beurre. Nous fîmes donc nos adieux au
vieux chef ; et nous nous rembarquâmes le lendemain,
7 décembre.

Au nord-est du cap Cabogi, s'élèvent trois îlots
rocheux où nous relâchâmes. Ce groupe solitaire, que
les indigènes appellent Cavounvoué, devant être la
seule découverte de notre excursion, le docteur nomma
ces trois rochers *Ilots du New-York Herald*. En
confirmation de leur titre, nous y échangeâmes une
poignée de main ; des calculs soigneusement faits
établirent leur position par 3° 41' de latitude méridionale.

Nous vîmes bientôt le cap Louvoumba, projection
inclinée de la montagne, qui s'avance très-loin dans
le lac. Menacés par la tempête, nous nous arrêtâmes
près de cette grande pointe, au fond d'une crique paisible ; et, traînant la pirogue sur la grève, nous nous
y établîmes pour y passer la nuit. Il y avait bien un
village en face ; mais les habitants avaient l'air doux
et poli. Rien ne nous faisait supposer qu'ils pussent
nous être hostiles. Après le déjeuner, j'allai faire ma
sieste, ainsi que j'en avais l'habitude, quand je n'en
étais pas empêché.

J'étais plongé dans un profond sommeil, rêvant de
toute autre chose que d'agression, lorsque je m'entendis appeler. « Maître ! maître ! criait-on auprès de
moi ; levez-vous bien vite, on va se battre. »

Je sautai sur mes revolvers et n'eus qu'à sortir de

ma tente pour me trouver au milieu du tumulte. D'un côté un groupe d'indigènes furibonds, de l'autre notre propre bande. Sept ou huit de nos hommes, réfugiés derrière le canot, avaient leurs fusils braqués sur la foule, qui vociférait et grossissait de plus en plus ; mais nulle part je ne voyais Livingstone.

« Où est le docteur? demandai-je.

— Il est parti pour aller dans la montagne, me dit Sélim.

— Est-ce qu'il est seul?

— Non, maître; Souzi et Chumâ sont avec lui.

— Prenez deux hommes, dis-je à Bombay, et allez avertir le docteur; vous le prierez de revenir en toute hâte. »

Comme je finissais de donner cet ordre, je vis Livingstone, avec ses deux noirs, au sommet d'une colline, d'où il regardait complaisamment la scène dont notre petit bassin lui offrait le curieux tableau ; car, en dépit de sa gravité, l'affaire était sérioso-comique. Ce dernier élément y était représenté par un jeune homme entièrement nu et complétement ivre, qui, tout en roulant de côté et d'autre, battait le sol avec sa ceinture, et criait et jurait, par ceci et par cela, que pas un Zanzibarien, pas un Arabe ne séjournerait un instant sur le territoire sacré du pays de Sansi. Son père, le sultan du lieu, n'était pas moins ivre que lui, bien qu'il montrât un peu moins de violence.

Sélim venait de me glisser ma carabine à seize coups, munie de toutes ses cartouches, lorsque arriva le docteur. Du ton le plus calme, Livingstone de-

manda quelle était la cause du rassemblement. Nos
guides lui répondirent qu'un Béloutchi, du nom de
Khamis, ayant assommé à Djidji le fils aîné du sultan
de Mouzimou, la grande île voisine, parce que ce
jeune homme avait jeté un regard indiscret dans son
harem, la paix était rompue entre les hommes de
Sansi et les Arabes, et que, par suite de cet état de
choses, on avait enjoint à nos hommes de partir sur-
le-champ. Comme ceux-ci allaient nous en prévenir,
le jeune ivrogne avait adressé à l'un d'eux un coup de
serpe. Le coup, mal dirigé, avait frappé dans le vide;
mais nos gens avaient vu là une déclaration de guerre
et avaient pris les armes.

Il aurait suffi d'une décharge de nos revolvers pour
faire évacuer le terrain; mais, après en avoir conféré
entre nous, le docteur pensa qu'il valait mieux s'entendre avec le chef et le calmer par un présent.
« On ne s'offense pas, dit-il, des folies d'un homme
ivre. »

Se tournant donc vers la foule, Livingstone releva
sa manche et dit à ces furieux : « Je ne suis ni un
Arabe, ni un Zanzibarien, mais un homme blanc.
Les Zanzibariens et les Arabes n'ont pas la peau de
cette couleur; nous ne sommes pas de leur race; et
jamais un des vôtres n'a eu à se plaindre d'un homme
à peau blanche. »

Ce discours produisit tant d'effet que les deux
nobles ivrognes consentirent à s'asseoir et à parler
avec calme. Cependant ils en revenaient toujours au
fils de Kisésa, sultan de Mouzimou, à ce pauvre
Mombo qu'on avait tué brutalement. « Oui, bruta-

lement! » s'écriaient-ils en montrant par une pantomime expressive comment l'infortuné avait péri.

Livingstone continuait à leur parler avec douceur
et leurs protestations véhémentes contre la cruauté
des Arabes avaient fini par s'éteindre, lorsque le vieux
chef, repris d'ivresse, se leva brusquement, parcourut
la place à grands pas et, se frappant à la jambe d'un
coup de lance, cria que les Zanzibariens l'avaient
blessé.

A ce cri, la moitié de l'auditoire prit la fuite ; mais
une vieille femme qui portait à la main une grande
canne, dont un lézard sculpté formait la pomme, se
mit à injurier le sultan avec une volubilité incompa-
rable, et l'accusa de vouloir faire exterminer son
peuple. Les autres femmes, se joignant à elle, conseillèrent au chef de rester tranquille et d'accepter le présent que l'homme à peau blanche voulait bien lui
offrir.

Néanmoins ce fut Livingstone, qui, toujours calme
et doux, persuada à tout le monde de s'abstenir de
répandre le sang, et qui finit par triompher du vieux
chef. Un instant après, l'affaire était réglée, et le
sultan et son fils s'éloignaient tout joyeux.

Nous quittâmes le cap Louvoumba vers quatre
heures et demie. A huit heures, nous étions au large
du cap Panza, qui est à l'extrémité nord de l'île de
Mouzimou. A six heures du matin, nous nous trouvions au sud de Bicari, nageant vers Moucangou
(dans le Roundi), où nous arrivâmes à dix heures.
Pour traverser le lac, il nous avait fallu dix-sept
heures et demie, ce qui, à raison de trois kilomètres

par heure, donne cinquante-six kilomètrés de large ;
et un peu plus de soixante-douze depuis le cap Louvoumba.

Le 11 décembre, après sept heures de route, nous
nous retrouvâmes au village pittoresque de Zassi. Le
12, nous étions à la charmante baie de Niasanga ;
enfin le même jour, à onze heures, ayant passé l'île
de Bangoué, nous eûmes devant nous le port de
Djidji.

Un vrai sujet de joie m'y attendait : une lettre du
consul Webb, datée du 11 juin ; une bonne lettre,
contenant des télégrammes de Paris, du 22 avril.
« Et rien pour moi ! » s'écria le pauvre docteur.
Quelle excellente chose que d'avoir un ami sincère et
dévoué !

Notre excursion avait duré vingt-huit jours, pendant lesquels nous avions fait plus de quatre cent
quatre-vingts kilomètres.

CHAPITRE VIII

RETOUR A COUIHARA.

Pour moi la demeure de Livingstone à Djidji est un monument
historique. — Cet homme est vraiment un héros chrétien.
— Pendant qu'il fait sa correspondance, je prépare notre caravane de retour. — La Noël à Djidji. — Nous partons le
27 décembre. — A l'embouchure du Malagarazi et à Sigounga,
on fonderait avantageusement des missions. — La caravane
réunie part du delta du Loadjéri. — Les erreurs du kirangozi
m'obligent à n'avoir plus d'autre guide que ma boussole. —
Magnanimité d'un éléphant. — Beauté du Caouendi. — Nous
souffrons de la faim jusqu'à Itaga. — Les abeilles nous atta-
quent. — Mirambo semble perdu. — Shaw est mort. — Trois
lions mis en fuite par un coup de fusil. — A Gounda, nous
recevons des nouvelles d'Europe. — Notre rentrée à Couihara.

Ce fut avec une joie réelle que nous nous trouvâmes
chez nous, assis tous les deux sur la peau d'ours, sur
le tapis de Perse, sur les nattes fraîches et neuves, le
dos appuyé contre le mur, sirotant notre tasse de thé,
comme des gens qui ont toutes leurs aises, et causant
des incidents du *pique-nique*, ainsi que le docteur
appelait notre voyage au Roussizi.

Tant que je vivrai, ces pauvres murailles de terre,
ces chevrons nus, cette couverture de chaume, cette

véranda auront pour moi un intérêt historique ; aussi
ai-je voulu rendre durable le souvenir de cette humble demeure en en faisant le croquis.

J'ai dit que mon admiration pour Livingstone
avait grandi de jour en jour ; rien n'est plus vrai. Cet
homme, près duquel je m'étais rendu sans éprouver
d'autre intérêt que celui qu'eût fait naître en moi
n'importe quel personnage, dont j'aurais eu à dépeindre le caractère ou à détailler les opinions, cet
homme avait fait ma conquête. Il est un vrai héros
chrétien.

Quand je lui rappelais sa famille, il répondait :
« Je serais assurément très-heureux de voir ma famille ; oh ! bien heureux ! Les lettres de mes enfants
m'émeuvent plus que je ne saurais le dire ; mais je ne
peux pas m'en aller : il faut que je finisse ma tâche.
C'est le manque de ressources, je vous le répète, qui
m'a seul retardé. Sans cela, j'aurais complété mes découvertes, suivi la rivière, que je crois être le Nil,
jusqu'à sa jonction avec le lac de Baker, ou avec la
branche de Petherick.

« Un mois de plus dans cette direction, et j'aurais
pu dire : Mon œuvre est terminée. Pourquoi s'être
adressé aux Banians pour avoir des hommes ? Je ne
le devine pas. Le docteur Kirk savait bien ce que
valent les esclaves ; comment a-t-il persisté à leur
confier mes bagages ? »

Quelques-uns des gens dont le mauvais vouloir
avait obligé Livingstone de revenir sur ses pas étaient
encore à Djidji, et avaient entre les mains des carabines d'Enfield appartenant au docteur, carabines

qu'ils prétendaient retenir jusqu'à ce que leur solde fût entièrement payée. Un mois s'étant écoulé sans que ces armes fussent rapportées au docteur, je demandai et j'obtins la permission de les prendre.

Souzi, non moins brave que dévoué, et qui eût valu son pesant d'or s'il n'avait pas été un voleur incorrigible, fut envoyé sur-le-champ avec une douzaine de mes hommes, l'arme au poing, chercher ces carabines.

L'instant d'après, c'était une affaire faite.

Livingstóne me laissa la direction de la caravane pour revenir à Couihara.

Depuis le 13 décembre, époque de notre retour de l'embouchure du Roussizi, il n'avait pas cessé d'écrire, préparant les lettres qu'il voulait me confier, et reportant sur son énorme journal les notes que renfermaient ses carnets. Tandis qu'il se livrait à ce dernier travail, je profitai des moments où il réfléchissait aux régions qu'il avait parcourues, pour faire son portrait; esquisse devenue fort ressemblante grâce à l'artiste, qui, par intuition, en a vu les défauts et les a corrigés d'une façon très-exacte.

Dès le premier jour, Livingstone avait écrit à M. Bennett les pages qui contiennent ses remercîments, et auxquelles je le priai de ne rien ajouter, l'expression de sa gratitude y étant pleine et entière. Je connaissais trop bien M. Bennett pour ne pas être sûr qu'il en serait satisfait; car la nouvelle de l'existence du voyageur était pour lui ce qu'il y avait de plus précieux.

Pendant que Livingstone faisait sa correspondance,

je m'occupais des bagages, de leur division, de leur mise en caisse ou en ballots, et j'activais les préparatifs nécessaires. Mes hommes devaient seuls être chargés du transport; j'avais résolu d'en exonérer les gens de Livingstone, en raison de leur noble conduite à l'égard de leur maître.

Le 20 décembre, la saison pluvieuse [1] débuta par une averse accompagnée de grêle et de tonnerre; le thermomètre descendit au-dessous de 19° centigrades.

Arriva le jour de Noël; célébrer la fête par un grand repas, suivant l'usage des pays anglo-saxons, avait été convenu entre le docteur et moi [2]. La fièvre m'avait quitté la veille; et, dès le matin, bien que d'une extrême faiblesse, j'étais sur pied, chapitrant Férajji, tâchant de lui faire comprendre la solennité du jour,

1. Les saisons dans le Mouézi, dans le Vinza et sur les bords du Tanguégnica ne sont pas les mêmes que sur le littoral de l'Océan indien. D'après Burton (éd. compl. p. 365), dans la Mrima, la *masica* ou mousson printanière et la *vouli* ou mousson d'automne forment, avec les fortes averses ou *mcho'o* qui tombent dans l'intervalle de l'une à l'autre, huit saisons qui se confondent et troublent toutes les notions du temps (Voir une note de la page 17 de ce volume). Au contraire, à l'O. des monts Roubého et Bambourou, à partir du pays de Gogo, on ne trouve plus que deux saisons parfaitement distinctes, la pluie et la sécheresse, d'environ six mois chacune. Cependant la pluie, qui commence ici le 20 décembre 1871, finira le 22 février 1872 et, dans le Gnagnembé, une autre pluie commencera le 17 mars. C'est à ne pas s'y reconnaître. — J. B.

2. Baldwin, au milieu des Betjouanas, ni Milton et Cheadle, parmi les métis et les peaux rouges du Canada, n'oublient leur *christmas*. Les Anglo-Saxons, dans leur isolement ou dans leurs familles, conservent précieusement ces usages, qui renouvellent les souvenirs de leur enfance, en même temps que les sentiments de leur religion et de leur patrie. — J. B.

et d'inculquer à cet animal trop dodu quelques-uns
des secrets de l'art culinaire.

Œufs frais, mouton gras, chèvre, laitage, fleur de
farine, poisson, patates, oignons, bananes, pombé,
vin de palme, etc., etc., avaient été pris au marché,
ou procurés par le bon vieux cheik Moéni Khéri. Mais,
hélas! j'étais trop faible pour surveiller la cuisine; et
le rôti fut brûlé, la tarte mal cuite, le dîner manqué.
Si Férajji, le sacripant à cervelle obtuse, ne fut pas
fouaillé, c'est que je n'en avais pas la force. Mon regard seul put lui témoigner ma colère ; un regard qui
eût foudroyé un homme de cœur; mais le traître se
mit à rire, et profita, je crois, du rôti, des pâtés, des
entremets et de tout ce que sa négligence avait rendu
immangeable pour des civilisés.

Nous n'avions plus qu'à partir. Séid ben Medjid, à
la tête de trois cents hommes, ayant tous des mousquets, avait quitté Djidji pour aller attaquer Mirambo,
le noir Bonaparte qui lui avait tué son fils. Un beau
guerrier que ce vieux chef, intrépide, altéré de vengeance, et tenant à la main son fusil d'une longueur
qui dépassait deux mètres. Il s'était mis en marche le
13 décembre. Nous étions alors sur le Tanguégnica;
mais avant de s'éloigner il avait donné des ordres pour
qu'on nous laissât l'usage de son canot. Une seconde
pirogue, beaucoup plus grande, nous était gracieuse-
ment prêtée par Moéni Khéri. J'avais acheté des ânes,
dont l'un était destiné au docteur, pour le cas où la
marche lui deviendrait pénible. Nous avions des chèvres laitières et quelques moutons gras, en prévision
de la traversée des jungles. La bonne Halimâ nous

avait préparé un sac de farine de maïs, comme elle seule, dans son dévouement à son maître, pouvait le faire; Hamoydâ, son mari, l'avait libéralement assistée dans ce travail d'une si grande importance.

A notre provision de grain et de viande, s'ajoutaient du fromage, du thé et du café; nous étions largement pourvus d'étoffe; et nos équipages, formés en partie d'indigènes, qui devaient ramener les pirogues, étaient au complet.

Le 27 décembre arrivé, nos pirogues furent repoussées du banc d'argile qui est au bas de la place du marché; et je dis un adieu probablement éternel au port de Djidji, dont le nom est à jamais consacré dans ma mémoire.

Conduits par Asmani et par Bombay, nos hommes marchaient sur la rive, que nous suivions d'aussi près que possible. Ils étaient sans fardeau, leurs charges formant notre cargaison, et ils se hâtaient, afin de nous rejoindre à l'embouchure des rivières, que nous devions les aider à franchir.

Le canot du docteur, plus court d'un tiers environ que le mien, prit l'avance; et le drapeau britannique, emmanché d'un bambou, fila dans l'air comme un rouge météore, nous indiquant la route. Fixée à une hampe beaucoup plus longue, la bannière étoilée, déjà bien plus grande par elle-même, portait infiniment plus haut ses glorieuses couleurs. Cela fit dire plaisamment à Livingstone, qu'à la première halte il abattrait le plus beau palmier de la côte pour remplacer son bambou, car il n'était pas décent que le pavillon anglais fût si inférieur à celui des États-Unis.

Sur la rive nos gens partageaient la joie bruyante de nos mariniers, et reprenaient en chœur leurs refrains. Quand nous avions à doubler un cap, on les voyait presser le pas pour regagner le terrain que leur avait fait perdre notre traversée d'une baie. Mes trois jeunes servants d'armes bondissaient au milieu des chèvres, des moutons et des ânes, qui participaient à la gaieté générale. La nature elle-même, fière et sauvage, avec sa coupole bleue s'élevant à l'infini, son immense verdure, ses profondeurs, son lac étincelant, sa sérénité imposante, augmentait notre joie et semblait y prendre part.

La végétation continuait à être excessive et le paysage intéressant; à chaque détour, c'étaient de nouvelles beautés. Je remarquai, près de l'embouchure du Malagarazi, que le calcaire tendre, dont en général sont formés les falaises et les promontoires, a été curieusement fouillé par les vagues.

Il était deux heures lorsque nous atteignîmes la bouche du fleuve; nous avions fait vingt-neuf kilomètres. Notre bande n'arriva que trois heures après et accablée de fatigue. La traversée de la rivière fut remise au lendemain, qu'elle employa presqu'en entier.

Pour des civilisés qui s'établiraient dans cet endroit, le Malagarazi aurait l'énorme avantage de les rapprocher de la côte; il est navigable sur une longueur de près de cent soixante kilomètres et permettrait, en toute saison, de remonter jusqu'aux villages de Kiala, d'où l'on gagnerait Couihara par une voie directe qu'il serait facile d'ouvrir. Des missionnaires en profiteraient également pour faire des tournées apostoliques dans le Vinza, l'Ouhha et les environs.

Au versant du rocher, qui formait le cap Cabogo et dont la surface était lisse, nous distinguâmes nettement la trace de l'eau, près d'un mètre de hauteur au-dessus du niveau actuel du lac; preuve évidente que, dans la saison pluvieuse, le Tanguégnica a une crue que l'évaporation lui enlève pendant la saison sèche.

Trouvant dans un endroit nommé Sigounga, une anse paisible, nous nous y arrêtâmes. De hauts versants formaient le fond du tableau, du côté du rivage, et venaient rejoindre la banquette onduleuse et boisée qui les séparait du lac. A l'entrée de la petite baie se voyait une île charmante qui nous fit songer à des missionnaires, auxquels elle offrirait un siége excellent : assez d'étendue pour contenir un grand village, et dans une position facile à défendre; un port bien abrité; des eaux calmes et poissonneuses, où des pêcheries pourraient s'établir; au pied de la montagne, le sol le plus fécond et pouvant suffire aux besoins d'une population cent fois plus nombreuse que celle de l'île; le bois de charpente sous la main; tout le pays giboyeux; enfin, dans le voisinage, des habitants doux et polis, enclins aux pratiques religieuses, et n'attendant que des pasteurs.

Le lendemain de notre arrivée à Rimba, je me dirigeai vers l'intérieur de la contrée avec Caloulou, mon petit servant d'armes, qui portait le raïfle à deux coups du docteur. Après avoir fait quinze à seize cents mètres j'aperçus à peu de distance une troupe de zèbres. Me traînant à plat ventre, j'arrivai à n'être plus qu'à cent pas du gibier. Mais la place était détestable, un vrai fouillis d'épines ; et la tsétsé me bourdonnait aux oreilles, se jetait dans mes yeux, me piquait le nez, se posait sur le point de mire. Pour ajouter à ma misère, les efforts que je fis en cherchant à me dégager des broussailles alarmèrent les zèbres, qui tous regardèrent de mon côté. Les voyant près de s'enfuir, je tirai sur l'un d'eux en pleine poitrine ; et je le manquai ; cela ne pouvait guère être autrement.

Alors, je me précipitai dans la plaine, où la bande, qui avait pris un galop rapide, ralentit sa course, au bout de trois cents mètres. Une bête magnifique trottait fièrement à la tête de ses compagnons ; je la visai, en toute hâte, et j'eus la chance de lui traverser le cœur.

Un peu plus loin, j'abattis une oie d'une taille énorme, et qui avait un éperon corné, très-aigu, à chacune des ailes.

Le troisième jour de notre halte à Rimba, nous vîmes enfin arriver nos marcheurs. Comme ils atteignaient la crête d'une chaîne de montagnes, située derrière Nirembé, à vingt-six kilomètres de l'endroit où nous étions, ils avaient aperçu notre grand drapeau, dont le bambou de six mètres, qui lui servait de hampe, surmontait l'arbre le plus élevé de nos alentours. D'abord ils l'avaient pris pour un oiseau ; mais parmi eux se trouvaient des vues perçantes qui l'avaient reconnu ; et, en se dirigeant sur lui, ils étaient parvenus au camp. Nous les reçûmes comme on accueille des gens perdus lorsqu'on les retrouve.

En les attendant, j'avais eu un accès de fièvre, produit par le voisinage de l'ignoble delta du Loadjéri, dont la vue suffisait pour donner des nausées.

Le 7 janvier, la caravane tout entière se remit en marche du côté du levant. Pour moi c'était revenir au pays ; cependant je n'étais pas sans regrets. J'avais eu du plaisir, même du bonheur sur ces rives, où j'avais trouvé le compagnon le plus aimable.

Nous nous étions engagés dans une étroite vallée qui se rétrécit jusqu'à n'être plus qu'un ravin, où le Loadjéri se précipitait en rugissant, et se ruait avec tant de force que l'air en était ébranlé au point de rendre la respiration difficile. Nous étouffions dans cette gorge, lorsque heureusement le sentier gravit un mamelon, gagna une terrasse, puis une colline, enfin une montagne, où nous fîmes halte. Tandis que nous cherchions un endroit pour y camper, le docteur, sans rien dire, me montra quelque chose ; un silence de mort se fit immédiatement parmi nos hommes. La quinine, que j'avais prise le matin, me donnait le vertige ; mais un mal plus grand était à craindre : nous manquions de vivres ; et, bien que tremblant sous le poids du raïfle, je me glissai vers la place que m'indiquait Livingstone.

J'arrivai ainsi au bord d'un ravin, dont un buffle escaladait le versant opposé. C'était une femelle ; parvenue au sommet de la pente, elle se retourna pour voir l'ennemi qu'elle avait flairé ; au même instant, ma balle l'atteignit au défaut de l'épaule, et lui arracha un profond mugissement. « Bien touché! s'écria le docteur ; la blessure est grave ; ce cri l'annonce. » Et nos hommes poussèrent des cris de joie à cette per-

spective de viande. Mon deuxième coup frappa la bête
à l'échine ; elle s'agenouilla , et fut achevée par une
troisième balle.

La langue, la bosse et quelques-uns des morceaux
de choix furent salés pour notre table. Nos gens, d'a-
près la coutume des Zanzibariens , boucanèrent le
reste, qui leur était abandonné. Cette provision devait les conduire assez loin dans le désert, qui se dé-
ployait devant nous. J'ai remarqué que ce fut le
raïfle, et non le chasseur, qui reçut les éloges de la
bande.

Le lendemain nous continuâmes à marcher au levant, sous la conduite du kirangozi ; mais je ne tardai
pas à m'apercevoir qu'il se trompait de route et, après
en avoir causé avec le docteur, je pris la direction de
la caravane.

Le 10 janvier, nous entrâmes dans un parc magnifique ; toutefois la pluie, qui tombait maintenant avec
abondance, et la hauteur de l'herbe y rendirent ma
tâche extrêmement difficile. Pas de sentier dans ces
prairies où, marchant à la tête de nos hommes et tenant ma boussole d'une main, j'avais à ouvrir une
muraille de tiges mouillées, qui m'arrivaient jusqu'au
menton.

Un soir, après avoir vu notre camp s'établir sur un
mamelon pittoresque, je pensai qu'il fallait se procurer de la viande; et je me mis en quête du gibier que
semblaient promettre ces lieux sauvages.

Il y avait une heure et demie que j'étais en marche ;
la contrée devenait de plus en plus intéressante,
mais sans m'offrir la moindre proie. Un ravin me

donna quelque espérance et ne tint pas sa promesse.
J'en gravis l'autre bord et je restai saisi, on le com-
prendra : j'étais face à face avec un éléphant aux im-
menses oreilles tendues comme des bonnettes. Quelle
puissante incarnation de la nature africaine ! En voyant
sa trompe allongée comme un doigt menaçant, je crus
entendre une voix me dire : *Siste venator !* Procédait-
elle de mon imagination ou de Caloulou, qui devait
avoir crié en prenant la fuite? Car il s'était sauvé, le
drôle, et avec mon arme de rechange !

Toujours est-il que, revenu de ma surprise, je songeai également à la retraite, comme au seul parti à
prendre, n'ayant à la main qu'un petit raïfle, chargé
de cartouches traîtresses et ne portant que des chevro-
tines.

Quand je me retournai, le colosse agitait sa trompe
d'une manière approbative, qui signifiait évidemment:
« Adieu, jeune homme ; vous avez bien fait de partir;
j'étais sur le point de vous piler comme une amande. »

Le 14, vers midi, nous revîmes notre Magdala, un
grand mont isolé, dont la masse sourcilleuse avait at-
tiré nos regards, lorsque en toute hâte nous suivions
la grande chaîne du Rousahoua pour atteindre le Malagarazi. Nous reconnaissions la plaine qui l'entoure
et sa beauté mystérieuse. Cependant, lors de notre
premier passage, nous l'avions vue desséchée et d'un
blanc roussâtre, qu'on aurait cru voilé d'une gaze ardente ; maintenant elle était du plus beau vert. La
pluie avait tout fait renaître ; les rivières, autrefois
taries, coulaient à pleins bords, entre d'énormes cein-
tures de grands arbres, versant une ombre épaisse ; ou

bien, elles roulaient dans les clairières leurs flots tu-
multueux, qui se précipitaient vers le Rougoufou.

Beau Caouendi, pays enchanteur ! à quoi pourrai-je
comparer le charme sauvage de ta nature libre et fé-
conde ? L'Europe n'a rien qui puisse en approcher.
Ce n'est que dans la Mingrélie, dans l'Imérithie ou
dans l'Inde que j'ai trouvé ces rivières écumantes, ces
vallées pittoresques, ces fières collines, ces montagnes
ambitieuses, ces vastes forêts aux rangées solennelles
de grands arbres, dont les colonnes droites et nues
forment de longues perspectives où la vue se perd. Et
quelle puissance, quel luxe de végétation ! Le sol y est
si généreux, la nature si séduisante, qu'en dépit des
effluves mortels qui s'en échappent, on s'attache à
cette région, dont un peuple civilisé chasserait la ma-
laria et ferait un pays non moins salubre que pro-
ductif.

Les vivres devenaient rares ; cependant, malgré les
efforts d'Asmani et les suggestions des affamés de la
caravane, je persistai à ne vouloir d'autre guide que
ma boussole, et à ne consulter que ma carte, qui
m'inspirait toujours confiance.

Pas un rayon de soleil ne parut tandis que nous
marchions en silence, défilant dans les bois , traversant les jungles, passant les cours d'eau, gagnant la
crête des escarpements ou le fond des vallées. Une
brume épaisse couvrait la forêt, la pluie nous fouet-
tait avec force, le ciel n'était qu'un amas de vapeurs
grises ; mais le docteur avait confiance en moi, et je
poursuivais ma route.

Un soir, à peine arrivés au camp, nos hommes se

mirent en quête de nourriture. Un bouquet de sin-
goués, dont les fruits ressemblent à des prunes, fut découvert dans le voisinage ; les champignons abondaient
aux alentours ; mais cela ne fit qu'apaiser leur faim
dévorante.

Le lendemain, la position devint plus cruelle ; je
plaignais nos pauvres gens, autant et plus qu'ils ne le
faisaient eux-mêmes. Je leur montrais de la colère au
moment où je les voyais près de défaillir, près de se
coucher là, ce qui eût été leur perte ; quant à leur en
vouloir, jamais personne n'a été plus éloigné de leur
faire cette injure : j'étais trop fier d'eux tous. Mais la
faiblesse eût été homicide : je ne devais ni écouter les
plaintes, ni hésiter. Le seul fait de ma persistance à
ne pas dévier de ma route produisait sur leur moral
un heureux effet ; et, bien qu'ils eussent la figure cris-
pée et la voix gémissante, ils me suivaient avec une
confiance dont j'étais vivement touché.

Heureusement j'avais pris les devants et après avoir
gravi un coteau, je vis mes prévisions justifiées.

A midi, nous étions rentrés en possession de notre
ancien camp près d'Itaga ; les indigènes accouraient
en foule, nous apportant des vivres et des félicitations
au sujet de notre retour.

La caravane ne parut que longtemps après, et ne
fut complétée que fort tard. Rien ne peut rendre l'é-
tonnement du guide, en voyant que la boussole avait
si bien connu la route. Il déclara solennellement
qu'elle ne pouvait mentir ; mais l'opposition qu'il
avait faite d'abord à « la petite machine » avait ébranlé
à jamais son crédit auprès de ses camarades.

Le lendemain fut un jour de repos, nécessaire à tout le monde.

Le 18 janvier 1872 nous nous remîmes en marche et le 19 nous étions à Mpocoua.

Un grand changement s'était opéré depuis notre passage ; les grappes de raisin pendaient en bouquets au bord de la route, le maïs était assez avancé pour qu'on pût s'en nourrir, les plantes étaient en fleurs et la verdure plus brillante que jamais.

Un cours d'eau fut traversé, cours d'eau profond, puis son épaisse bordure, et je me trouvai à la lisière d'un bois, où je fus obligé de ramper. Une demi-heure de cet exercice me fit arriver à cent quarante pas d'une troupe de zèbres, qui jouaient et se mordillaient les uns les autres à l'ombre d'un gros arbre.

Je me levai subitement ; leur attention fut éveillée. Mais la carabine était à l'épaule ; et, bong, bong ! deux beaux zèbres, un mâle et une femelle, tombèrent sous mes deux coups. Ils furent égorgés en moins d'une minute ; et une douzaine de mes gens, bientôt accourus, exprimèrent leur joie par un flux de compliments adressés au raïfle ; très-peu au chasseur.

De retour au camp, je reçus les félicitations de Livingstone, que j'estimais bien davantage, car il s'y connaissait.

Dépouillés et détaillés, les deux zèbres nous donnèrent trois cent vingt-six kilos de viande, qui, répartis entre nos quarante-quatre hommes, firent près de sept kilos par tête.

Chacun était dans la jubilation, Bombay surtout : il avait rêvé la nuit précédente que j'abattais deux animaux de mes deux balles ; et quand il m'avait vu partir avec le merveilleux raïfle, il avait si peu douté du succès, qu'il avait dit à ses hommes de me rejoindre au premier coup de feu, sans attendre le signal convenu.

Le lendemain, je manquai deux girafes. Livingstone attribua mon insuccès à mes balles de plomb.

Quel précieux compagnon de route ! Ce n'est pas la première fois que j'ai l'occasion de le sentir. Personne mieux que lui ne sait vous consoler d'un échec ou vous faire valoir à vos propres yeux. Si j'ai tué un zèbre, c'est la première venaison d'Afrique ; Oswell, le grand chasseur, et lui-même, l'ont déclaré depuis longtemps. Ai-je tué un buffle ? C'est le meilleur de l'espèce ; « comme il est gras ! » et les cornes valent la peine d'être gardées comme échantillon. Si je reviens les mains vides, ce n'est pas étonnant : le gibier est farouche, la saison est mauvaise ; ou nos gens ont fait du bruit ; « et approchez donc d'une bête qui a pris l'alarme ! » Tout cela, d'un ton sincère qui me rend heureux de ses éloges et me fait oublier mes défaites.

Le jour suivant se passa au même endroit. Les blessures que le docteur s'était faites aux pieds ne nous permettaient pas de lever le camp ; mes talons aussi étaient bien malades, et m'avaient obligé à faire de grands trous à mes chaussures afin de pouvoir marcher.

Néanmoins, il fallait marcher pour chasser. Le zinc de mes bidons avait été fondu et mêlé à mes balles, qui, cette fois étaient plus dures. Je partis accompagné de notre boucher et d'un servant d'armes.

Ne trouvant rien dans la plaine, je franchis une petite crête, et j'arrivai dans un bassin herbu, où s'éparpillaient des bouquets d'hyphœnés et de mimosas. Neuf girafes tondaient le feuillage de ces derniers. Je me couchai dans l'herbe ; et profitant des fourmilières pour me dissimuler, j'approchai des bêtes défiantes avant que leurs grands yeux eussent pu me découvrir. Mais, à cent cinquante mètres environ, l'herbe s'éclaircit et devint courte ; il fallut s'arrêter.

Je repris largement haleine ; je m'essuyai le front et restai assis pendant quelque temps. Bilali et Khamisi, mes noirs compagnons, firent de même. Outre le repos dont nous avions besoin, il fallait calmer l'émotion que nous causait la vue de ce gibier royal.

Je caressai le pesant raïfle, j'en examinai les cartouches ; je me levai et mis à l'épaule. Je visai avec soin, et baissai mon arme pour en régler le point de mire. Je revisai longuement ; et le raïfle s'abaissa de nouveau. Une girafe se détourna ; cette fois le coup partit et alla droit au cœur. La bête chancela, prit le galop, tomba à moins de deux cents pas — un flot de sang coulait de la blessure. Elle fut achevée d'une seconde balle, qu'elle reçut dans la tête.

« Dieu est grand ! » s'écria Khamisi avec enthousiasme. C'était le boucher ; il ne voyait que la viande.

Le lendemain je fus pris d'un violent accès de fièvre qui dura trois jours, pendant lesquels il me fut impossible de sortir du lit.

Nous pûmes enfin partir ; et le 27 nous nous mîmes en route pour Misonghi. A moitié chemin, je vis la caravane se débander progressivement, homme par

homme , du premier jusqu'au dernier. Bientôt mon
âne se mit à ruer avec fureur, et je compris la déban-
dade en me trouvant au milieu d'une nuée d'abeilles,
dont trois ou quatre se posèrent tout à coup sur mon
visage et me piquèrent horriblement. Ce fut pendant
quelques minutes une course folle de la part des gens,
non moins que des bêtes.

Craignant que Livingstone n'eût de la peine à nous
suivre, car il avait encore les pieds malades, et l'étape,
ce jour-là, était d'une longueur exceptionnelle, je lui
envoyai quatre hommes avec la civière. Mais le vieux
héros ne voulut jamais se laisser porter; et il arriva
bravement, ayant fait ses vingt-neuf kilomètres. Les
abeilles s'étaient abattues dans ses cheveux; il avait
la tête et le cou dans un état pitoyable; mais, quand
il eut pris sa tasse de thé, il fut d'aussi belle humeur
que s'il n'avait eu ni fatigue ni souffrance.

Le 31 janvier, nous étions à Mouéra, dont Ka-Mirambo est le chef. Nous y rencontrâmes une caravane
dirigée par un esclave de Séid ben Habib. Cet esclave vint nous faire une visite à notre boma, qui
était dissimulé au fond d'une jungle épaisse.

Quand le visiteur eut pris le café, je lui demandai
quelles nouvelles il apportait du Gnagnembé.

« De très-bonnes, répondit-il.

— Où en est la guerre?

— En bon train. Ah! Mirambo! où en est-il à présent? Réduit à manger le cuir de la bête; on le tient
par la famine. Séid ben Habib s'est emparé de Kirira.
Les Arabes font leur tonnerre aux portes de Vouillancourou. Séid ben Medjid, qui est arrivé de Djidji

à Sagozi en vingt jours, a tué le roi Moto. Simba, de
Caséra, a pris les armes pour défendre son père, Mkésihoua du Gnagnembé. Le chef du Gounda a fait de
même, avec cinq cents hommes. Aough ! Mirambo !
Où en est-il ? Dans un mois, il sera mort de faim.

— Grandes et bonnes nouvelles en effet, mon ami.

— Oui, certes ; au nom de Dieu.

— Et où vas-tu avec ta caravane ?

— À Djidji. Le fils de Medjid, qui en est arrivé
dernièrement, nous a appris qu'un homme blanc s'y
était rendu sain et sauf, par une route qu'il nous a
dite ; et nous avons pensé que le chemin, qui avait
été bon pour un blanc, le serait également pour nous.
On prend maintenant cette route par centaines pour
aller dans le pays de Djidji.

— C'est moi qui l'ai ouverte.

— Vous ? Pas possible : l'homme blanc s'est fait
tuer en se battant contre les habitants du Zavira.

— C'est Njara ben Khamis qui aura dit cela, mon
ami. Mais voici, continuai-je en montrant Livingstone, voici l'homme blanc, mon père, que j'ai trouvé
à Djidji, et qui vient avec moi dans le Gnagnembé
pour y prendre son étoffe. Ensuite il retournera à la
grande eau.

— C'est bien étonnant.

— Qu'as-tu à me dire du compagnon que j'ai laissé
à Couihara, dans la maison du fils de Sélim, maison
qui était la mienne ?

— Il est mort.

— Dis-tu vrai ?

— Assurément ; rien de plus vrai.

— Depuis combien de temps?

— Depuis des mois.

— Qu'est-ce qui l'a fait mourir?

— La fièvre.

— Y a-t-il d'autres morts parmi les gens de ma suite?

— Je ne sais pas.

— Assez, » murmurai-je. Et l'esclave s'en alla.

« Je vous en avais prévenu, dit Livingstone, en réponse à mon regard éploré. Les ivrognes, de même que les débauchés, ne peuvent pas vivre dans cette région. »

Pauvre Shaw! C'était un vilain homme, soupçonné d'avoir voulu me tuer, et cependant sa fin m'attristait.

Quant au docteur, en dépit de la rosée, de la pluie, du brouillard, de la fatigue, de ses pieds déchirés, il mangeait comme un héros. J'admirais la façon dont il entretenait ses facultés digestives; je m'efforçais de l'imiter, mais sans y parvenir.

Livingstone est un voyageur accompli. Il a sur toutes choses un savoir étendu : il connaît les rochers, les arbres, les animaux, les terrains, la faune et la flore, et possède en ethnologie un fonds inépuisable. Avec cela, très-pratique : il a pour le camp mille ressources; pour la marche, pour les rapports avec les indigènes, il a mille moyens; il est au fait de tout. Son lit, à la confection duquel il préside tous les soirs, vaut un sommier élastique. Deux perches, de sept à dix centimètres de diamètre, sont d'abord placées parallèlement, à soixante centimètres l'une de l'autre;

sur ces perches, il fait poser, en travers, des brins
souples de quatre-vingt-dix centimètres de longueur,
espèce de sangle qui reçoit une couche d'herbe très-
épaisse; on recouvre celle-ci d'une toile imperméable,
sur laquelle s'étendent les couvertures; et le lit est
digne d'un roi.

C'était d'après son conseil que j'avais emmené des
chèvres du pays de Djidjï, afin d'avoir du lait pour le
thé et pour le café, dont nous étions de grands con-
sommateurs : six ou sept tasses chacun, à toutes les
haltes. Enfin nous avions de la musique, un peu
rude il est vrai, mais valant mieux que rien : les cris
mélodieux de ses perroquets du Mégnéma.

Entre Mouéra, village de Ka-Mirambo, et le tongoni d'Oucamba, je gravai sur un arbre le chiffre de
Livingstone et le mien avec la date du jour : 2 *février*
1872.

Quelques jours après, impatient d'être en chasse,
dans un endroit où il y avait tant de gibier de toute
espèce, je me hâtai de prendre mon café, d'expédier à
Ma-Magnéra, cet ami de joyeuse mémoire, une couple
d'hommes chargés de présents, et j'allai battre le
parc, suivi de mes serviteurs accoutumés.

Nous n'étions pas à cinq cents mètres du camp,
lorsque nous fûmes arrêtés par un trio de voix rugis-
santes, qui ne devait pas être à plus de cinquante pas.
Mon fusil fut armé d'instinct, car je m'attendais à
une attaque; un lion avait pu fuir; mais trois, ce n'é-
tait pas supposable.

En fouillant du regard les alentours, j'aperçus à
belle portée un superbe caama qui tremblait derrière

un arbre, comme si déjà la griffe du lion eût été levée
sur lui. Bien qu'il me tournât le dos, je crus pouvoir
lui envoyer une balle. Il fit un bond prodigieux ; on
eût dit qu'il voulait franchir au vol l'épais feuillage ;
puis, revenant à lui-même, il se jeta au milieu des
broussailles, dans la direction opposée à celle d'où
étaient venus les rugissements. Ses traces sanglantes
montrèrent qu'il avait été blessé ; mais je ne le revis
pas, non plus que mes trois lions, qui, après avoir
fait silence, s'étaient prudemment éloignés. A dater
de cette époque j'ai cessé de considérer le lion comme
le roi des animaux ; et, dans le jour, je ne m'inquiétai
pas plus de sa voix menaçante que de la plainte des
colombes [1].

Le 14 février, nous arrivâmes à Gounda, où nous
fûmes bientôt confortablement établis dans une case
que le chef voulut bien nous prêter. Férajji et Choupéré nous attendaient là avec Sarmian et Oulédi, qui,
on se le rappelle, avaient été envoyés à Zanzibar chercher des drogues pour le malheureux Shaw.

Sarmian ne m'apportait pas moins de sept paquets
de lettres et de journaux, que différents chefs de caravane, suivant la promesse qu'ils en avaient faite au
consul, avaient déposés chez moi ; ils s'y étaient accu-

---

1. Il y a quelques anecdotes qui semblent établir en effet
que le lion est moins redoutable que ne le veut la tradition ;
cependant, on en trouvera d'autres rapportées dans nos éditions
des voyageurs modernes qui prouvent que sa rencontre n'est pas
sans danger : *Voyages dans le S. O. de l'Afrique* par Th. Baines, p. 249 ; *du Natal au Zambèse* par Baldwin, p. 34 et suiv.
Explorations dans l'Afrique australe, par Livingstone, p. 20.
— J. B.

mulés. Parmi ces paquets à mon adresse, j'en trouvai un du docteur Kirk, renfermant deux ou trois lettres pour Livingstone.

Une foule compacte se pressait à notre porte, dans un étonnement indescriptible, causé par ces énormes feuilles. Les mots *khabari kisoungou* (nouvelles du pays des blancs) circulaient parmi les spectateurs, qui se demandaient quelles pouvaient être ces nouvelles d'une si prodigieuse quantité; et ils exprimaient l'opinion que les hommes blancs étaient *mbyah sana* ou très-*mkali;* c'est-à-dire très-méchants, très-fins et très-habiles; le mot méchant est souvent employé dans ce pays pour exprimer la plus haute admiration.

Nous partîmes de Gounda le 14 février, et le 18 nous entrions dans la vallée de Couihara, que nous faisions retentir de nos coups de feu. Il y avait cinquante-trois jours que nous avions quitté Djidji, et cent trente et un que j'étais sorti de cette même vallée, sans savoir si je pourrais atteindre le but de mon voyage.

L'ombre que je poursuivais alors était devenue une réalité, et jamais celle-ci ne m'avait paru plus frappante qu'au moment où j'entrai avec Livingstone dans mon ancienne maison, dans mon ancienne chambre, en lui disant : « Nous sommes chez nous, Docteur. »

CHAPITRE IX

DE COUIHARA A LONDRES.

Les caisses apportées pour Livingstone ont été dévalisées ou ne contiennent presque rien d'utile. — Le docteur se remet à sa correspondance pendant que je prépare ses approvisionnements. — Ses intérêts m'obligent à renoncer à me porter au-devant de Baker. — Lettre de remerciement de D. Livingstone à J. G. Bennett. — La postérité rendra justice à ce pionnier de la civilisation en Afrique. — Danse des adieux. — Je me sépare de Livingstone le 14 mars 1872. — Cagnigni. — A Maponga, on demande de la pluie. — Détails sur la mort de Farquhar. — Sépulture de Shaw à Couihara et de Farquhar à Mpouapoua. — La plaine de la Macata est inondée. — Rojab manque de perdre les manuscrits de Livingstone. — Les eaux nous retiennent dix jours près de Renneco. — Simbamouenni est renversée par l'Ougérengeri, qui a ravagé toute sa vallée. — Le Cami est fort maltraité. — Horrible jungle de Msohoua. — Nous rentrons le 6 mai à Bagamoyo. — Le lieutenant W. Henn. — Oswald Livingstone. — Réception à Zanzibar. — Nécessité de confier à un Arabe la direction de la caravane que j'envoie à D. Livingstone. — Irritation du consul Kirk à l'égard de l'illustre voyageur. — Reproches que celui-ci lui avait adressés. — Je me sépare de mes noirs compagnons. — Ils vont rejoindre D. Livingstone, au service duquel je les ai engagés. — Le 29 mai, je pars pour l'Europe.

Couihara me semblait maintenant un paradis terrestre et Livingstone ne s'y trouvait pas moins heureux. Comparée à celle de Djidji, sa nouvelle demeure était un palais; outre l'étoffe, les grains de verre, le fil de laiton, les mille objets qui avaient formé la cargaison de cent cinquante hommes, et dont la moitié devait lui revenir, nous avions dans nos magasins une quantité de bonnes choses.

Ce fut un grand jour que celui où, le marteau et le ciseau à la main, j'ouvris les caisses du docteur.

Je fus cruellement désappointé : l'ouverture de chaque caisse me procura une déception. Des boîtes de biscuit, une seule était en bon état ; à peine en tout de quoi faire un repas complet. Des conserves de bouillon! Qui donc en demandait en Afrique? Est-ce qu'il n'y a pas là des bœufs, des moutons et des chèvres ; de quoi faire tous les consommés possibles, et cent fois meilleurs que pas un de ceux qu'on a jamais exportés? Des petits pois et des juliennes, fort bien! c'eût été un régal ; mais, du bouillon de poulet, ou de gibier.... Quel non-sens!

La sixième caisse contenait deux paires de fortes chaussures, quatre chemises, des bas et des cordons de souliers qui rendirent le Docteur le plus heureux des hommes.

« Richard se retrouve! s'écria-t-il en essayant les chaussures.

— Quel qu'il soit, dis-je à mon tour, celui qui envoie cela est un véritable ami.

— Oui, reprit le docteur, c'est mon ami Waller. »

Les cinq autres caisses renfermaient des conserves de viande et de bouillon.

La liste portait bien une douzième boîte, où il devait y avoir douze bouteilles d'eau-de-vie médicinale ; mais cette boîte-là avait disparu.

Du reste, ma cargaison avait souffert de semblables méfaits et Asmani, qui en était le coupable, fut renvoyé immédiatement par le docteur.

En fin de compte, de tout ce bagage, dont le port avait été payé jusqu'au lac, Livingstone ne tira que deux bouteilles d'eau-de-vie et une petite caisse de médicaments.

Peu d'Arabes se trouvaient alors dans le pays ; la plupart assiégeaient la forteresse de Mirambo. Une semaine environ après notre retour, le petit cheik Séid ben Sélim (El Ouali), qui commandait en chef les forces arabes, revint à Couihara. C'était à lui qu'en 1866 avait été adressé le premier envoi qu'on avait fait à Livingstone, et dont celui-ci n'avait jamais rien vu.

Le 22 février, la pluie, qui nous avait accompagnés depuis deux mois dans tout notre trajet, cessa complétement ; le temps devint superbe, et je m'occupai de mon départ. Tandis que je faisais mes préparatifs, Livingstone écrivait les lettres que je devais prendre, et mettait au courant le journal dont il voulait me charger.

Je l'approvisionnai pour quatre années ; et, de plus, comme plusieurs articles lui étaient nécessaires pour qu'il fût complétement équipé, nous en dressâmes ensemble la liste et je m'engageai à les lui envoyer de Zanzibar. Cette cargaison devait en tout former soixante-dix charges, qui, en l'absence des porteurs, n'étaient qu'un embarras pour le docteur. Or, à cette époque il n'en avait que neuf, avec lesquels il ne pouvait pas bouger. D'ailleurs on se battait toujours, et les hommes du Mouézi, on se le rappelle, ne se louent jamais en temps de guerre ; il fallait en chercher au loin. Je fus donc chargé, dès que j'aurais gagné Zanzibar, d'enrôler cinquante hommes libres, de les armer, de les équiper et de les faire partir immédiatement pour Couihara.

Je n'hésitai pas à m'en charger ; mais c'était mettre à néant le projet que j'avais formé de revenir par le Nil et de rapporter des nouvelles de Baker.

Livingstone avait terminé sa correspondance. Il déposa entre mes mains vingt lettres pour la Grande-Bretagne, six pour Bombay et deux pour New-York. Ces dernières étaient toutes les deux pour James Gordon Bennett junior, le père de celui-ci n'ayant pris aucune part à l'entreprise qui m'avait été confiée.

L'une d'elles que j'insère ici, peint tout entier l'homme qui a mérité que, pour savoir seulement s'il vivait encore, on fît une expédition coûteuse.

Djidji-sur-Tanguégnica, Afrique orientale, novembre 1871.

« A James Gordon Bennett, fils, Esq. »

« Mon cher monsieur,

« Il est en général assez difficile d'écrire à une personne que l'on n'a jamais vue : il semble que l'on s'adresse à une abstraction. Mais, représenté que vous êtes dans cette région lointaine par M. Stanley, vous ne m'êtes plus étranger ; et, en vous écrivant pour

vous remercier de l'extrême bonté qui vous a inspiré
son envoi, je me sens complétement à l'aise.

« Quand je vous aurai dit l'état dans lequel il m'a
trouvé, vous comprendrez que j'aie de bonnes raisons
pour employer, à votre égard, les termes les plus forts
d'une ardente gratitude.

« J'étais arrivé au pays de Djidji, après une marche
de six cent cinquante à huit cents kilomètres, sous
un soleil éblouissant et vertical ; ayant été harcelé,
trompé, ruiné, forcé de revenir alors que je touchais
au but ; obligé d'abandonner ma tâche dont j'aperce-
vais la fin ; et cela par des métis musulmans, que
l'on m'envoyait de Zanzibar, des esclaves au lieu
d'hommes.

« Cette douleur, aggravée par les tableaux navrants,
que j'avais eus sous les yeux, de la cruauté de
l'homme envers ses semblables, faisait chez moi de
grands ravages et m'avait affaibli outre mesure ; je
me sentais mourir sur pied. Je n'exagère rien en disant que chacun de mes pas dans cet air embrasé
était une souffrance, et que j'arrivai à Djidji à l'état
de squelette.

« Là, j'appris que des marchandises que j'avais de-
mandées à Zanzibar, et qui valaient encore douze
mille cinq cents francs, avaient été confiées à un
ivrogne, qui, après les avoir gaspillées sur la route,
pendant seize mois, avait fini par acheter, avec le
reste, de l'ivoire et des esclaves, dont il s'était défait.

« La divination, au moyen du Coran, lui avait, disait-il, appris que j'étais mort. Il avait envoyé, à ce
qu'il ajoutait, des esclaves dans le Mégnéma pour s'as-

surer du fait ; les esclaves ayant confirmé la réponse du
Coran, il avait écrit au gouverneur du Gnagnembé pour
lui demander l'autorisation de vendre, à son profit, le
peu d'étoffe que ses débauches n'avaient pas absorbé.

« Il savait bien, cependant, que je n'étais pas mort,
et que j'attendais mes valeurs avec impatience : des
gens qui m'avaient vu le lui avaient dit. Mais, n'ayant
aucune moralité, et se trouvant dans un pays où il
n'y a d'autre loi que celle du poignard ou du mousquet, il me dépouilla complétement.

« Je me trouvais donc entièrement épuisé au physi-
que et je n'avais d'autres ressources qu'un peu d'étoffe
et de rassade, que j'avais eu la précaution de laisser à
Djidji, en cas de nécessité.

« La perspective d'en être réduit avant peu à tendre
la main aux habitants du pays, me mettait au sup-
plice. Cependant je ne pouvais pas me désespérer. J'a-
vais beaucoup ri autrefois d'un ami, qui, en attei-
gnant l'embouchure du Zambèse, s'était plongé dans
la désolation parce qu'il avait brisé la photographie
de sa femme. Après un pareil malheur, disait-il, nous
ne pouvions pas réussir. Depuis lors, il y a pour moi
quelque chose de si burlesque dans la seule pensée du
désespoir, que je ne saurais m'y abandonner.

« Alors que je touchais à la plus profonde misère,
de vagues rumeurs, au sujet de l'arrivée d'un Européen, vinrent jusqu'à mon oreille. Je me comparais
souvent à l'homme qui descendait de Jérusalem à Jé-
richo ; et je me disais que ni prêtre, ni lévite, ni
voyageur ne pouvait passer près de moi. Pourtant le
bon Samaritain approchait.

« Il arriva; un de mes serviteurs accourant de toutes ses forces, et pouvant à peine parler, me jeta ces mots: « Un Anglais qui vient ! Je l'ai vu ! » Puis il repartit comme une flèche.

« Un drapeau américain, le premier qui ait paru dans cette région, m'apprit la nationalité du voyageur.

« Je suis aussi froid, aussi peu démonstratif que nous autres insulaires nous avons la réputation de l'être. Mais votre bonté a fait tressaillir toutes mes fibres. J'en suis réellement accablé et ne peux que dire en mon âme : « Que les plus grandes bénédictions « du Très-Haut descendent sur vous et sur les vô- « tres ! »

« Les nouvelles qu'avait à me dire M. Stanley étaient bien émouvantes. Les changements survenus en Europe, le succès des câbles atlantiques, l'élection du général Grant, et beaucoup d'autres faits non moins surprenants, ont absorbé mon attention pendant plusieurs jours et produit sur ma santé une action immédiate et bienfaisante. Sauf le peu que j'avais glané dans quelques numéros du *Punch* et de la *Saturday Review* de 1868, j'étais sans nouvelles d'Angleterre depuis des années. Bref, l'appétit me revint, et au bout d'une semaine j'avais retrouvé des forces.

« M. Stanley m'apportait une lettre bien gracieuse, bien encourageante de lord Clarendon. Cette dépêche de l'homme éminent, dont je déplore sincèrement la perte, est la première que j'aie reçue du *Foreign-Office* (Ministère des affaires étrangères) depuis 1866.

« C'est également par M. Stanley que j'ai appris que

le gouvernement britannique m'envoyait une somme de vingt-cinq mille francs. Jusque-là, rien ne m'avait fait pressentir cette assistance pécuniaire. Je suis parti sans émoluments; aujourd'hui le manque de ressources est heureusement réparé; mais j'ai le plus vif désir que, vous et vos amis, vous sachiez que, malgré l'absence de tout encouragement — pas même une lettre, — je me suis appliqué à la tâche que m'a confiée sir Roderick Murchison ; que je m'y suis appliqué, dis-je, avec une ténacité de John Bull, croyant qu'à la fin tout s'arrangerait.

« La ligne du partage des eaux de l'Afrique centrale, de ce côté-ci de l'équateur, a une longueur de plus de onze cents kilomètres. Les sources que sépare cette ligne de faîte sont innombrables ; c'est-à-dire que, pour les compter, il faudrait la vie d'un homme. De ce déversoir, elles convergent et se réunissent dans quatre grandes rivières, qui, à leur tour, rejoignent deux puissants cours d'eau de la grande vallée du Nil. Cette vallée commence entre le dixième et le douzième degré de latitude méridionale.

« Ce ne fut qu'après de longs travaux que je vis s'éclairer l'ancien problème , et que je pus avoir une idée précise du drainage de cette région. Il me fallut chercher ma route, la chercher sans cesse, à chaque pas et presque toujours à tâtons. Qui se souciait de la direction des rivières? « Nous buvons tout notre con- « tent, et nous laissons le reste couler, » m'était-il répondu.

« Les Portugais n'allaient chez Cazembé que pour y acheter de l'ivoire et des esclaves, et n'y entendaient

pas parler d'autre chose. Pour moi, c'était le contraire : je ne m'informais que des eaux ; questions sur
questions, que je répétais sans cesse ; au point d'avoir
peur d'être accusé de folie.

« Mon dernier travail, auquel le manque d'auxiliaires convenables apporta de grands obstacles, con-
sista dans l'examen du canal d'écoulement que j'ai
suivi à travers le Mégnouéma ou Mégnéma, et qui,
sur une largeur de seize cents à cinq mille mètres, n'est
guéable en aucun endroit, à aucune époque de l'année. La ligne de ce canal présente quatre grands lacs ;
j'étais voisin du quatrième quand il m'a fallu revenir.

« La Loufira, ou rivière de Bartle Frere, qui vient
du couchant, tombe dans le lac Kémolondo ; le Lomami, grande rivière qui vient également de l'ouest,
se jette dans le même lac, après avoir traversé le lac
Lincoln, et semble former la branche occidentale du
Nil, sur laquelle sont les établissements de Petherick.

« Je connais actuellement près de mille kilomètres
de ce système fluvial ; malheureusement les derniers
deux cents, ceux que je n'ai pas vus, sont les plus in-
téressants. Si l'on ne m'a pas trompé, on y trouve
quatre fontaines sortant d'un monticule terreux ; l'une
de ces quatre sources ne tarde pas à être une grande rivière.

« Deux de ces fontaines s'écoulent au nord, vers
l'Égypte, par la Loufira et le Lomami ; les deux autres vont au sud, dans l'Éthiopie intérieure, et forment le Cafoué et le Liambaye, qui est le Haut-Zam-
bèse.

« Ne serait-ce pas de ces quatre fontaines que le trésorier du temple de Minerve parla jadis à Hérodote,
et dont la moitié des eaux se dirigeait vers le Nil, l'autre moitié vers le sud?

« J'ai entendu parler si souvent de ces fontaines, en
différents endroits, que je ne doute pas de leur existence ; et malgré le désir poignant du retour, qui me
saisit chaque fois que je pense à ma famille, je voudrais couronner mon œuvre en en faisant de nouveau
la découverte.

« Une cargaison, valant douze mille cinq cents
francs, a été encore confiée — chose inexplicable —
à des esclaves. Elle a mis un an, au lieu de quatre
mois, pour venir dans le Gnagnembé, où elle se trouve
à présent ; il faut que j'aille la chercher afin de continuer mes travaux ; et je suis obligé de le faire à vos
dépens.

« Si mes rapports, au sujet du terrible commerce
d'esclaves qui se fait à Djidji, peuvent conduire à la
suppression de la traite de l'homme sur la côte orientale, je regarderai ce résultat comme bien supérieur à
la découverte de toutes les sources du Nil. Maintenant que, chez vous, l'esclavage est à jamais aboli,
aidez-nous à atteindre ici le même but. Ce beau pays
est comme frappé d'une malédiction céleste ; et, pour
ne pas porter atteinte aux priviléges esclavagistes du
petit sultan de Zanzibar; pour ne pas toucher aux
droits de la couronne de Portugal, droits illusoires,
— un mythe, — on laisse subsister le fléau, en attendant que l'Afrique devienne pour les traitants portugais une nouvelle Inde.

« Je termine en vous remerciant du fond du cœur de votre grande générosité.

« Votre reconnaissant,

« David LIVINGSTONE. »

Le docteur a donc une ambition plus haute que celle de toucher une somme quelconque. Chacun de ses pas forge un anneau de la chaîne sympathique qui doit relier la chrétienté aux païens de l'Afrique centrale. Compléter cette chaîne, attirer les regards de ses compatriotes sur ces peuplades enténébrées, émouvoir en leur faveur les esprits généreux, pousser à leur rédemption, ouvrir la voie qui permettra d'arriver jusqu'à elles, tel est son but ; et, s'il y parvient, telle sera sa récompense. La postérité rendra justice à cet homme intrépide qui aura été le pionnier de la civilisation dans cette partie du globe.

12 *mars*. Les Arabes m'ont envoyé quarante-cinq lettres que je dois porter à la côte.

Ce soir un groupe d'indigènes s'est réuni devant ma porte pour y exécuter, en mon honneur, une danse d'adieux. C'étaient les pagazis de Singéri, chef de la caravane de Mtésa. Mes braves sont allés rejoindre ce groupe ; et, en dépit de moi-même, entraîné par la musique, je me suis mis de la partie, à la grande satisfaction de mes hommes : ils étaient ravis de voir leur maître se départir de sa raideur habituelle.

Une danse enivrante, après tout, bien que sauvage. La musique en est vive ; elle sortait de quatre tambours sonores, placés au milieu du cercle. Bombay, toujours comique, et danseur passionné, était coiffé

de mon seau ; le robuste Choupéré, l'homme au pied
agile et sûr, avait une hache à la main, une peau de
chèvre sur la tête ;. Mabrouki, Tête-de-Taureau, tout
à fait dans son rôle, faisait des bonds d'éléphant so-
lennel; Baraca,. drapé dans ma peau d'ours, brandis-
sait une lance ; Oulimengo, armé d'un mousquet, paraissait affronter cent mille hommes, tant il avait l'air
féroce ; Khamisi et Camna, dos à dos devant les tambours, lançaient ambitieusement des coups de pied
aux étoiles ; le géant Asmani, pareil au dieu Thor, se
servait de son fusil comme d'un marteau pour broyer
des bandes imaginaires.

Toute autre passion dormait ; il n'y avait là, sous
le ciel étoilé, que des démons jouant leur rôle dans
un drame fantastique, entraînés au mouvement par
le tonnerre irrésistible des tambours.

La musique guerrière s'arrêta pour faire place à
une autre. Le chorége se mit à genoux, et se plongea
la tête à diverses reprises dans une excavation du
sol; puis il commença un chant grave, d'une mesure
lente, dont le chœur, également agenouillé, répéta
d'une voix plaintive les derniers mots à chaque verset.

Il m'est impossible de rendre les paroles, le ton et
l'accent passionné de ce chant dont le rhythme était
parfait, et qui avait pour objet de célébrer la joie de
ceux qui retournaient avec moi à Zanzibar et la douleur de ceux qui demeuraient avec Singéri.

13 *mars*. Le dernier jour est fini, le dernier soir est
venu ; demain ne peut pas être évité. Je me révolte
contre le sort qui nous sépare, Livingstone et moi. Les
minutes s'écoulent rapidement et font des heures.

Notre porte est close. Tous deux, nous nous livrons à nos pensées; elles nous absorbent. Quelles sont les siennes? je ne pourrais le dire, mais les miennes sont tristes. Il faut que j'aie été bien heureux pour que le départ me cause tant de chagrin!

« Demain, docteur; vous serez seul, lui dis-je.

— Oui, la mort semblera avoir passé dans la maison. Vous feriez mieux d'attendre que les pluies qui vont venir soient terminées.

— Je voudrais le pouvoir, docteur; j'en rendrais grâces à Dieu; mais chaque instant de retard recule la fin de vos travaux et l'heure de votre retour.

— C'est vrai; mais quelques semaines de plus ou de moins, ce n'est pas une affaire; et votre santé m'occupe. Vous n'êtes pas en état de voyager; d'ailleurs vous trouverez toutes les plaines inondées; vous arriveriez aussitôt en ne partant qu'après la pluie [1].

— Ne croyez pas cela; dans quarante jours, cinquante au plus, j'aurai gagné la côte; j'en suis sûr. L'idée que je vous rends service m'aiguillonnera. »

14 *mars*. Nous étions debout tous les deux au point du jour. Les ballots furent sortis du magasin, les hommes se préparèrent. Je devais partir à cinq heures; à huit heures, j'étais encore là.

« Je vais vous laisser deux hommes, lui ai-je dit; vous les garderez jusqu'à après-demain : il est possible que vous ayez quelque oubli à réparer. Je séjournerai à Toura, où ils m'apporteront votre dernier

---

1. Voir la note du chapitre précédent, p. 168. — J. B.

désir, votre dernier mot. Et maintenant.... Docteur....

— Oh! je vais vous conduire; il faut que je vous
voie en route.

— Merci. Allons, mes hommes; nous retournons
chez nous! Kirangozi, déployez le drapeau, et en
marche! »

La maison paraissait désolée; peu à peu elle s'effaça
à mes regards.

Nous marchions côte à côte. La bande se mit à
chanter. J'attachai de longs regards sur Livingstone
pour mieux graver ses traits dans ma mémoire.

« Docteur, lui dis-je, autant que j'ai pu le comprendre, vous ne quitterez pas l'Afrique avant d'avoir
élucidé la question des sources du Nil; mais, quand
vous serez satisfait à cet égard, vous reviendrez satisfaire les autres; est-ce bien cela?

— Exactement. Dès que mes hommes seront arrivés, je partirai pour l'Oufipa, je traverserai le Roungoua, je suivrai la partie méridionale du Tanguégnica; et, prenant au sud-est, je gagnerai la résidence
de Chicambi, sur la Louapoula. Après avoir franchi
cette rivière, j'irai droit à l'ouest, aux mines de cuivre
du Catanga, d'où je me rendrai aux quatre fontaines,
qui, d'après les indigènes, sont à huit jours au sud
des mines. Quand je les aurai trouvées, je reviendrai
par Catanga aux demeures souterraines du Roua.
Dix jours de marche au nord-est de ces cavernes me
conduiront au lac Kémolondo. Grâce au bateau que
vous me laissez, je m'embarquerai sur ce lac, je re-
monterai la Loufira jusqu'au lac Lincoln; puis je

regagnerai le Kémolondo ; enfin, me dirigeant vers le nord, je descendrai le Loualaba (rivière de Webb) qui me mènera au quatrième lac, où je pense avoir la clef du problème. Il est présumable que ce dernier lac est le Chohouambé (lac Albert) ou celui de Piaggia.

— Et combien de temps vous faudra-t-il pour faire ce petit voyage?

— Un an et demi au plus, à dater du jour où je quitterai le Gnagnembé.

— Mettons deux ans ; vous savez : il y a l'imprévu. J'engagerai vos hommes pour ce terme, à compter de l'époque où ils vous arriveront.

— A merveille.

— Maintenant, cher docteur, les meilleurs amis doivent se quitter ; vous êtes venu assez loin ; permettez que je vous renvoie.

— Très-bien ; mais laissez-moi vous dire : vous avez accompli ce que peu d'hommes auraient fait, et beaucoup mieux que certains grands voyageurs. Je vous en suis bien reconnaissant. Dieu vous conduise, mon ami, et qu'il vous bénisse.

— Puisse-t-il vous ramener sain et sauf parmi nous, cher docteur ! »

Nos mains se pressèrent. Je m'arrachai vivement à cette étreinte, et me détournai pour ne pas faiblir. Mais à leur tour Souzi, Chumâ, Hamoydâ, tous ses gens me prirent les mains pour me les baiser, et je me trahis moi-même.

« Adieu, docteur, cher ami !...

— Adieu. »

En marche! Pourquoi s'arrêter? Avançons, et plus de faiblesse. Je montrerai à mes hommes une allure qui me rappellera à leur souvenir. En quarante jours nous ferons la route qui nous a pris trois mois l'année dernière [1].

Je fus rejoint au Toura-Oriental par Souzi et Hamoydâ, accompagnés des deux hommes que j'avais laissés à Couihara. Ils m'apportaient deux lettres de Livingstone; l'une pour sir Thomas Maclear, ancien directeur de l'observatoire du Cap, l'autre pour moi; elle était ainsi conçue :

« Couihara, 15 mars 1872.

« Cher Stanley,

« En arrivant à Londres, si vous pouvez m'envoyer une dépêche, donnez-moi, je vous en prie, des nouvelles de sir Roderick; n'y manquez pas; des nouvelles bien exactes.

« Vous avez parfaitement rendu la chose, quand vous avez dit hier que je n'étais pas encore satisfait à l'égard des sources; mais qu'aussitôt que je saurais à quoi m'en tenir, je reviendrais apporter aux autres les raisons qui me paraîtront concluantes. C'est bien cela.

« Je voudrais avoir de meilleures paroles à vous adresser que le dicton écossais : « A rude montée opposez cœur vaillant. » Vous le ferez sans que je vous le dise.

1. Le voyage de retour a duré cinquante-quatre jours, du 14 mars au 6 mai. — J. B.

« Je me réjouis de ce que votre fièvre a pris la forme intermittente ; je ne vous aurais pas laissé partir si elle fût restée continue ; et je me sens rassuré en vous recommandant à la bonté du Père de tous les hommes.

« Votre bien reconnaissant,

« David Livingstone.

« J'ai travaillé de toutes mes forces à recopier les observations que j'ai faites de Cabouire à Cazembé, et de là au Bangouéolo ; observations que j'envoie à sir Thomas Maclear. Mes gros chiffres emploient six feuilles de papier grand format. Ce travail m'a fatigué ; et il se passera longtemps avant que je le recommence.

« J'ai fait mon devoir en 1869, alors que j'étais malade à Djidji, et ne suis pas à blâmer, quoi qu'on en dise en Angleterre ; mais, là-bas, ils sont à cet égard un peu dans les ténèbres.

« Quelques Arabes m'ont apporté des lettres ; je vous les fais passer.

« D. L.

« 16 mars 1872.

« P. S. J'ai écrit ce matin quelques lignes à M. Murray, l'éditeur, pour qu'il vous aide, s'il est nécessaire, dans l'envoi de mon journal à ma fille, soit par la

poste, soit autrement. Si vous allez le voir, vous trouverez en lui un vrai *gentleman*.

« Je vous souhaite un heureux voyage.

« David LIVINGSTONE.

« *A Henry M. Stanley, en quelque endroit qu'on
puisse le trouver.* »

Le 24, nous établîmes notre camp près d'une roche
de syénite, au sommet large et plat ; grande table dont
nos hommes profitèrent pour broyer leur grain ; ce
genre de meunerie s'emploie communément dans les
districts dont les villages sont rares, ou les habitants
hostiles. La table de syénite portait à l'un de ses
bouts une sorte de pyramide tronquée et renversée,
n'ayant aucune adhérence avec elle.

Le 31, nous arrivions à Cagnégni, chez Magomba,
le grand mtémi, qui a pour fils et pour héritier Mtan-
dou M'gondê. Comme nous passions près de la résidence du chef, le *msagira* ou premier ministre, un
homme aimable à tête grise, entourait d'une palissade épineuse un champ de maïs levé tout nouvelle-
ment. Il salua la caravane d'un *yambo* sonore, se mit
à la tête de nos hommes et les conduisit à la place où
nous devions camper.

Lorsqu'on eut dressé ma tente, il s'y présenta d'une
façon très-cordiale. Je lui offris un tabouret ; quand il
fut assis, il prit la parole du ton le plus affable. Il se
rappelait fort bien mes prédécesseurs, Burton, Speke
et Grant, et déclara que j'étais beaucoup plus jeune

qu'eux ; puis, n'ayant pas oublié que l'un de ces voyageurs aimait le lait d'ânesse, il m'en fit apporter. La
manière dont j'avalai ce breuvage parut lui causer une
vive satisfaction.

Ounamapokéra, fils de cet aimable vieillard, un
homme de grande taille, qui pouvait avoir une trentaine d'années, se prit d'amitié pour moi, et promit
de faire en sorte que mon tribut fût peu de chose. A
cet effet, il m'envoya un de ses gens qui nous conduisit à Myoumi, village situé sur la frontière du
Cagnégni, nous faisant de la sorte éviter le rapace
Kiséhoua, dont l'usage est d'imposer lourdement les
caravanes.

Enfin, grâce à l'aide bienveillante d'Ounamapokéra
et à celle de son père, je n'eus à donner que quarante
mètres d'étoffe, au lieu de deux cent quarante que
Burton avait été obligé de payer.

Le lendemain nous fûmes reçus à Maponga avec
des démonstrations belliqueuses.

Sans me lever du ballot sur lequel j'étais assis, j'ordonnai au guide de demander l'explication de ce vacarme et de cet aspect menaçant.

« Venait-on pour nous dépouiller ?

— Non, répondit le chef ; nous n'avons l'intention
ni de vous dépouiller, ni de vous voler, ni de vous arrêter ; nous ne fermons pas la route ; mais nous vou-
lons le tribut.

— Vous alliez le recevoir. Ne voyez-vous pas que
nous avions fait halte, et qu'on ouvrait le ballot pour
vous envoyer de l'étoffe? Si nous nous sommes arrêtés
loin du village, c'était pour repartir dès que le tribu t

serait payé; le jour est encore jeune et nous voulions poursuivre notre marche. »

Le chef éclata de rire; je suivis son exemple. Toute explication devenait inutile; nous étions maintenant bons amis. Il me raconta que depuis des mois la terre n'avait pas eu d'eau, que ses récoltes en souffraient, et il me demanda en grâce de faire pleuvoir. Je lui répondis que, malgré l'énorme supériorité des blancs sur les Arabes, et leur grande habileté en beaucoup de choses, ils n'avaient aucun pouvoir sur les nuages.

Quel que fût son désappointement, il ne douta pas de mon assertion; et après avoir reçu le hongo, qui fut très-léger, non-seulement il nous laissa partir, mais il nous accompagna pendant quelque temps pour nous indiquer le chemin.

Le 4 avril, arrivé au Marenga Mkali, j'expédiai trois hommes à Zanzibar, porteurs de lettres pour le consul américain et de télégrammes pour le *New-York Herald*.

Le 7, Leucolé, chef de Mpouapoua, auquel j'avais laissé Farquhar, me donna sur la mort de celui-ci les détails suivants :

« Après votre départ, l'homme blanc parut aller mieux; cela dura pendant quatre jours; mais, le lendemain matin, comme il essayait de se lever, il tomba à la renverse. A compter de ce moment, il alla de plus mal en plus mal; dans l'après-midi, il mourut comme un homme qui s'endort. Il avait le ventre et les jambes extrêmement enflés; et je pense qu'en tombant il se brisa quelque chose à l'intérieur, car il jetait des cris comme une personne qui a une blessure grave, et son domestique disait : « Le maître dit qu'il va mourir. »

« Quand il a été mort, nous l'avons porté sous un gros arbre, où nous l'avons laissé, après l'avoir couvert de feuilles. Son serviteur s'est emparé de tout ce qu'il avait, de son fusil, de ses vêtements, de sa couverture ; puis il s'est rendu au tembé d'un homme du Mouézi, qui se trouve près de Kisocouê ; il y a demeuré trois mois, et à son tour il est mort.

« Il avait vendu le fusil de son maître à un Arabe qui allait dans le Gnagnembé, et en avait reçu dix dotis. C'est là tout ce que je sais à l'égard de l'homme blanc et de celui qui le servait. »

Leucolé me montra ensuite le ravin où l'on avait jeté le corps de Farquhar. J'aurais voulu faire à celui-ci un tombeau convenable ; mais, en dépit des recherches les plus attentives, il me fut impossible de retrouver le moindre vestige du malheureux Écossais.

Avant de quitter Couihara, j'avais employé mes cinquante hommes, pendant deux jours, à transporter des quartiers de roche, dont j'avais fait une enceinte de 2 mètres 50 de long sur 1 mètre 50 de large autour de la fosse de Shaw, voulant marquer la tombe du premier homme blanc qui mourut dans le pays de Mouézi. D'après Livingstone, ce monument durera des siècles.

Bien que tous nos efforts pour découvrir quelque reste du pauvre Farquhar aient été sans résultat, je n'en ai pas moins fait ramasser une grande quantité de pierres, et j'en ai formé un cairn au bord du ravin, pour rappeler l'endroit où le corps avait été déposé.

Si l'on se plaignait de la sécheresse dans le Gogo, il en était bien différemment dans la plaine de la Macata. Tout y était inondé [1].

Le 13, nous sortîmes des villages de Mvoumi. Il avait plu toute la nuit et la pluie ne cessait pas.

Les kilomètres se succédèrent en pleine inondation, jusqu'au moment où un bras de la rivière, peu large, mais trop profond pour être passé à gué, nous arrêta.

Un arbre fut abattu et dirigé en travers du courant; les hommes enfourchèrent cette passerelle et s'y traînèrent en poussant leurs charges devant eux. Mais soit folie, soit excès de zèle, un écervelé, du nom de Rojab, prit la caisse où étaient les papiers du Docteur, et sauta dans la rivière.

Passé d'abord, afin de surveiller la traversée, je venais de gagner l'autre rive, lorsque je vis cet homme en pleine eau, avec la précieuse boîte sur la tête. Tout à coup il enfonça; un creux avait failli l'engloutir. J'étais à l'agonie. Il se releva heureusement; et, le tenant au bout de mon revolver : « Prenez garde ! lui criai-je ; si vous lâchez cette boîte, je vous tue ! [2] »

Tous les autres s'arrêtèrent, regardant leur camarade entre ces deux périls. Quant à lui, il avançait, les yeux fixes, attachés sur le revolver; et, faisant un effort désespéré, il atteignit la rive.

---

1. Il y a une grande différence de climat entre les pays situés à l'O. et à l'E. des Monts Bambourou. V. la note de la page 168. — J. B.

2. Il faut se rappeler que cette caisse contenait les preuves irréfutables de la vérité des récits de Stanley qui, sans elles, n'aurait guère pu anéantir l'accusation d'imposteur qui fut lancée contre lui à son retour en Europe. — J. B.

Les papiers et les dépêches n'ayant subi aucun dommage, l'imprudent échappa à toute punition ; mais il lui fut enjoint de ne plus toucher à la boîte, sous aucun prétexte ; et le précieux fardeau fut confié à Maganga, homme attentif et soigneux, pagazi au pied sûr, et fidèle entre tous.

Nous restâmes dix jours campés sur une colline, située près de Rennéco, jusqu'au 25 avril, où tomba la dernière averse. Mais, bien que la pluie eût cessé, nous aurions attendu un mois avant que l'inondation eût baissé de dix centimètres. L'étoffe, à l'exception de la petite quantité qui m'était nécessaire pour ma propre table, fut distribuée à mes gens, et nous partîmes. Une fois dans l'eau, à quoi bon revenir ?

Le 29, l'Ougérengéri était passé, et nous arrivions à Simbamouenni, capitale du Ségouhha. Mais quel changement ! Le torrent avait balayé toute la muraille qui la longeait, et abattu cinquante maisons. En ne prenant que le quart du chiffre qui nous fut donné, cent personnes étaient mortes.

La sultane avait pris la fuite; les habitants s'étaient dispersés ; la ville de Kisabengo n'existait plus. Un profond canal, creusé par son fondateur pour amener sous ses murs une branche de l'Ougérengéri, et qui faisait l'orgueil du despote, avait ruiné la cité. Après l'avoir détruite, la rivière s'était formé un nouveau lit, à trois cents pas environ de l'ancienne muraille.

Les populations qui habitaient les pentes de la chaîne de Mkambakou n'avaient pas moins souffert. Nous étions étonnés de la quantité de débris amoncelés de toutes parts, et du nombre d'arbres arrachés, tous dans la même direction, comme abattus par un vent du nord-ouest. La vallée de l'Ougérengéri, cet éden que nous avions vu si populeux, n'était plus qu'une solitude désolée.

Une marche fatigante nous conduisit à Moussoudi; pendant tout le trajet, nous avions pu voir qu'une effrayante mortalité avait accompagné le désastre.

Interrogé par nous, le dihouan, c'est-à-dire le chef, nous fit cette réponse : « Chacun était allé se coucher, à l'heure habituelle, comme je l'avais toujours vu faire depuis que j'étais dans la vallée, que j'habite depuis vingt-cinq ans. Tout le monde dormait, quand, au milieu de la nuit, on fut réveillé par d'épouvantables roulements, tels qu'en auraient fait de nombreux tonnerres. La mort faisait son œuvre : une grande masse d'eau, comme un mur qui passait, arrachait les arbres, emportait les maisons; près de cent villages ont disparu.

— Et les habitants? demandai-je.

— Dieu a pris la plupart; les autres sont allés dans l'Oudoé. »

Il y avait six jours que le désastre avait eu lieu; l'eau s'était retirée; la scène mise à nu était effroyable. Sur tous les points, on ne voyait que dévastation : des champs de maïs couverts de sable; partout des débris; le lit déserté par la rivière, était béant sur une largeur de seize cents mètres [1].

---

1. Les terribles inondations de 1875 en France nous ont malheureusement préparés à comprendre ces inondations africaines. — J. B.

De tous les coups portés aux tribus du Cami, le plus terrible et le plus sûr leur était venu d'en haut. Le récit était vrai : des cent villages que nous avions comptés l'année précédente, il n'en restait plus que trois. C'était le cas de répéter avec le vieux chef : « Dieu est tout-puissant ; qui peut lui résister ? »

3o *avril*. Nous évitons Msouhoua et nous nous précipitons dans la jungle, qui, l'année dernière, nous a donné tant de peine. En dehors du couloir que nous suivons, elle est si épaisse qu'un tigre ne pourrait y ramper, si résistante qu'un éléphant ne la déchirerait pas. Quelle fétidité, quel poison ! Recueillis et concentrés, les miasmes que l'on respire ici auraient une action foudroyante ; l'acide prussique ne serait pas plus fatal.

Horreurs sur horreurs, dans cette caverne épineuse : des boas sur nos têtes ; des serpents, des scorpions, sous nos pieds ; des crabes, des tortues, des iguanes, des légions de fourmis, dont les morsures brûlantes nous font bondir et nous tordre comme des damnés. Puis les dards et les lances des cactus ; les grappins et les aiguilles des broussailles ; la fange qui vous monte jusqu'aux genoux, le manque d'air, les effluves putrides. On ne comprend pas que l'on sorte vivant d'un pareil endroit.

2 *mai. Roséco.* Au moment où j'entrais dans le village, y arrivaient les trois hommes que j'avais expédiés à Zanzibar. Ils m'apportaient de la part de M. Webb, toujours généreux, quelques bouteilles de champagne, quelques pots de confiture et deux boîtes de biscuit de Boston. Toutes choses que les

rudes épreuves de ces derniers temps m'ont fait bien accueillir.

Le 6 mai, nous entrions à Bagamoyo au coucher du soleil, où l'on criait de tous côtés : « l'homme blanc est revenu ! »

La trompe du kirangozi a la puissance du cor d'Astolphe. Arabes et indigènes nous entourent. Ce drapeau, dont les étoiles ont brillé sur le Tanguégnica, dont la vue a promis assistance à Livingstone en détresse, est de retour à la côte ; il y reparaît déchiré, en lambeaux, mais avec honneur.

Nous sommes dans la ville. Sur les marches d'une grande maison, je vois un homme vêtu de flanelle et coiffé d'un casque pareil à celui que je porte ; il est jeune, a des favoris roussâtres, la physionomie spirituelle et vive, tandis qu'une légère inclinaison de tête lui donne un certain air pensif.

Un homme de race blanche est à mes yeux presque un parent ; je me dirige vers celui-ci, il vient à ma rencontre ; une poignée de main chaleureuse, — nous ne nous embrassons pas ; à cela près, rien ne manque à notre accueil.

« N'entrez-vous pas ? me dit-il.

— Non, merci.

— Qu'allez-vous prendre ? de la bière, du *stout*, ou de l'eau-de-vie ? Eh ! par George ! s'écria-t-il avec impétuosité, je vous félicite de votre éclatant succès. »

Je reconnus alors qu'il était Anglais : c'est leur manière de faire les choses. Toutefois, en Afrique, l'habitude aurait pu changer. « Un succès éclatant ! » Est-ce de la sorte qu'ils l'envisagent ? Tant mieux.

Mais comment a-t-il pu le savoir? Ah! j'oubliais mes trois soldats; ce sont eux qui ont jasé.

« Merci, je ne prendrai rien, répondis-je.

— Vous accepterez de la bière, camarade, et tout de suite, ou je vous fais sortir sept jurons de la gorge, » reprit-il avec enjouement.

De ce ton vif et léger qui était dans sa nature, il m'eut bientôt appris qui il était et ce qu'il venait faire; mis au courant de ses espérances, de ses idées, de ses sentiments sur presque toutes choses. Il s'appelait William Henn, était lieutenant de la marine royale et chef de l'expédition que la Société de géographie de Londres envoyait à la recherche de Livingstone. Il avait d'abord, à ce dernier égard, été sous les ordres du lieutenant Llewellyn S. Dawson; mais celui-ci, en apprenant que j'avais trouvé le Docteur, s'était rendu chez le Consul et avait résigné ses fonctions, dont le lieutenant Henn avait été formellement investi.

M. Charles New, un révérend ministre, membre de la mission de Mombas, s'était, pour le même motif, également retiré de l'expédition dont il avait fait partie au début.

« Si bien qu'aujourd'hui, continua le lieutenant, nous ne sommes plus que deux : M. Oswald Livingstone, second fils du Docteur, et moi.

— M. Oswald est ici! m'écriai-je au comble de la surprise.

— Vous allez le voir, il va venir tout à l'heure.

— Et maintenant, que pensez-vous faire?

— Je ne crois pas utile de partir; vous avez dégonflé mes voiles. S'il n'a plus besoin de rien, à quoi bon faire le voyage? N'êtes-vous pas aussi de mon avis ?

— Cela dépend des ordres que vous avez reçus ; vous les connaissez mieux que moi. Si vous n'avez pour mission que de chercher Livingstone et de lui porter secours, je peux vous affirmer qu'il a été trouvé et secouru ; il ne lui manque plus qu'un petit nombre d'objets, dont il m'a donné la liste, objets que vous n'avez pas, j'ose le dire. Mais, dans tous les cas, son fils doit aller le voir ; je lui procurerai facilement tous les hommes nécessaires.

— Très-bien. S'il a tout ce qu'il lui faut, je n'ai pas besoin d'y aller.

. . . .

— Certes, Livingstone n'a pas besoin de vous. Il est approvisionné de manière à finir confortablement son voyage ; ce sont ses propres termes ; et il doit s'y connaître. S'il lui avait fallu autre chose, il l'aurait marqué sur sa liste. Et vous-même, êtes-vous bien pourvu ?

— Oh ! dit-il en riant, notre magasin est rempli d'étoffe et de grains de verre ; nous en avons cent quatre-vingt-dix charges.

— Et que ferez-vous de tout cela? Il n'y a pas assez d'hommes sur la côte pour le transport d'une pareille cargaison. Cent quatre-vingt-dix charges ! Mais il vous faudra deux cent quarante pagazis, car vous serez obligé d'avoir au moins cinquante surnuméraires. »

A ce moment entra un jeune homme blond, grand et mince, ayant l'air fort distingué, la peau blanche, les yeux bruns et étincelants; il me fut présenté par le lieutenant Henn : « Monsieur Oswald Livingstone. » Formalité superflue; car ce jeune homme avait dans les traits beaucoup de ce qui caractérise ceux du Docteur. Je remarquai chez lui tout d'abord un air de résolution calme. Dans le salut qu'il m'adressa, il fut peut-être un peu réservé; mais j'attribuai cette froideur à une nature réfléchie qui faisait bien augurer de l'avenir.

Il serait difficile de trouver un plus grand contraste que celui que présentaient les deux jeunes gens que j'avais sous les yeux. L'un était expansif, évaporé, effervescent, d'une vitalité débordante, d'un esprit jovial, toujours prêt à rire. L'autre était calme jusqu'à la froideur, avait les manières tranquilles, l'esprit sérieux, l'air ferme, le visage impassible, mais vivifié par des yeux pleins d'éclairs.

« Nous parlions de vous, monsieur Livingstone; et je disais au lieutenant que, quelle que fût sa détermination, vous deviez aller rejoindre monsieur votre père.

— Tel est mon désir.

— A merveille. Je vous procurerai les porteurs dont votre père a besoin, ainsi que les objets qui lui manquent. Mes hommes reprendront sans peine le chemin de Gnagnembé; ils le connaissent parfaitement, c'est un grand avantage. Ils savent la conduite qu'il faut tenir avec les chefs; vous n'aurez pas à vous inquiéter d'eux; la seule chose sera de les tenir en haleine; le grand point est d'aller vite, votre père les attend.

— S'il ne faut que cela, je saurai les faire marcher.

— Cela ne sera pas difficile ; leur charge sera légère, et ils feront aisément de longues étapes. »

Dès lors, l'affaire sembla réglée. Le lieutenant Henn persistait à penser que le Docteur ayant été secouru, il n'avait pas besoin de partir ; mais, avant de résigner ses fonctions, il voulait en parler au Consul; et il résolut de passer à Zanzibar le lendemain, avec l'expédition du *New-York Herald*.

Il était deux heures du matin lorsque nous nous séparâmes.

Dieu merci ! j'avais cessé de marcher.

Le 7 mai, à cinq heures du soir, la daou qui nous ramenait à Zanzibar entra dans le port de cette ville. Mes hommes, ravis de se retrouver si près de chez eux, firent de nombreuses décharges, et la bannière américaine fut hissée. Nous vîmes bientôt les quais et les toits des maisons couverts de spectateurs ; et, dans le nombre, tous les Européens, armés de longues-vues braquées sur nous.

La marche de la daou était lente ; mais un bateau se détacha du rivage et vint à notre rencontre ; nous y descendîmes. Peu d'instants après, je serrais la main du capitaine Webb et je recevais de celui-ci un chaleureux accueil.

Les résidents américains et allemands saluèrent mon retour et m'acclamèrent avec autant de cordialité et de chaleur que si Livingstone avait été membre de leur propre famille. Le capitaine Fraser et le docteur James Christie me prodiguèrent également leurs éloges. Ces deux messieurs avaient essayé de monter

une expédition dans le but de secourir leur illustre
compatriote. Mais, au lieu de ressentir la moindre
contrariété de ce que j'avais accompli ce qu'ils auraient
voulu faire, ils étaient au nombre de mes admirateurs
les plus enthousiastes.

Le lendemain je reçus la visite du docteur Kirk; il
me félicita vivement, sans toutefois faire aucune allu-
sion à une lettre que je lui avais envoyée la veille.

Ce jour-là, je libérai mes hommes, dont vingt se
rengagèrent immédiatement au service du Grand-
Maître, ainsi qu'ils appelaient le Docteur.

Outre leur solde, mes gens reçurent chacun une
gratification de cent à deux cent cinquante francs,
suivant leurs mérites respectifs. Personne ne fut
excepté, pas même Bombay, qui, en dépit de ce qu'il
m'avait fait souffrir, eut ses deux cent cinquante
francs. C'était l'heure du pardon, le moment d'oublier
toute offense, toute rancune. Pauvres gens! ils avaient
agi suivant leur nature; et, depuis notre départ du lac,
ils s'étaient tous admirablement conduits.

Après avoir licencié ma bande, je m'occupai d'en
constituer une pour le Docteur. Les objets que celui-
ci m'avait demandés, et que ne possédait pas l'expédition anglaise, furent achetés avec l'argent que me
donna le jeune Livingstone. Cinquante fusils, dont
la nouvelle caravane avait besoin, ainsi que l'étoffe
qui lui était nécessaire pour la route, furent pris
également dans les magasins de l'expédition.

M. Oswald Livingstone déploya beaucoup de zèle
dans tous ces préparatifs, et me seconda de tout son
pouvoir. Il m'envoya l'Almanach nautique pour

1872, 1873, 1874; plus un chronomètre qui appartenait à son père, et qui était resté entre les mains du Consul. Ces derniers objets, ainsi que le papier, les carnets, le journal, le thé, le vin, les médicaments, les conserves, le biscuit, la farine, la coutellerie, la vaisselle, furent emballés dans des caisses de ferblanc, où ils se trouvèrent à l'abri de l'humidité et du contact de l'air.

Jusqu'au 18 mai, il fut bien entendu que M. Oswald Livingstone se chargeait de conduire à son père la cargaison dont il s'occupait avec moi. Mais, à cette époque, il changea d'avis, et il m'écrivit le 19 que, par des motifs qui lui semblaient justes et suffisants, il ne se rendrait pas dans le Gnagnembé. Je fus très-surpris, et me hasardai à lui faire entendre que, puisqu'il était venu jusqu'à Zanzibar, il était de son devoir d'accompagner la caravane. Mais il est évident qu'il croyait bien faire; et, le docteur Kirk lui donnant le conseil de ne compromettre ni sa santé ni ses études par un voyage dont la nécessité n'avait rien d'absolu, je pense qu'il a eu raison de ne pas partir. Il avait en M. Kirk une entière confiance; il croyait plus au jugement de cet homme expérimenté qu'en lui-même; et il est naturel qu'il ait suivi le conseil de l'ancien ami, de l'ancien compagnon de son père.

Je n'avais plus dès lors qu'à chercher un Arabe qui pût diriger la petite expédition, et la conduire à bon port. J'écrivis au docteur Kirk, en le priant d'user à cet égard de l'influence qu'il avait auprès de Sa Hautesse. Il en fit la demande au Sultan, qui n'y accéda

point. Dès que j'en fus averti, je cherchai d'un autre
côté; et, quelques heures après, j'avais loué, pour cinq
cent vingt francs, un homme qui m'était hautement
recommandé par le cheik Haschid. C'était un jeune
Arabe, dont les dehors n'avaient rien de très-brillant,
mais qui paraissait honnête et capable. Je ne l'enga-
geais d'ailleurs que pour conduire la bande jusque
dans le Gnagnembé; après cela, ce serait à Livingstone
à juger du degré de confiance qu'il méritait.

Le jour suivant, M. Kirk vint dans la matinée
faire une visite au capitaine Webb. Je profitai de
l'occasion pour lui dire que je craignais de ne pas
pouvoir expédièr à Livingstone la caravane que je lui
avais organisée, et que j'aurais voulu faire partir plus
tôt. « Si le steamer qui doit m'emmener est contraint
d'appareiller avant l'embarquement de l'expédition,
ajoutai-je, je vous prierai, docteur, de vouloir bien
surveiller le départ.

— N'en faites rien, répondit M. Kirk, ou j'aurais à vous refuser. Je n'entends pas m'exposer de
nouveau à d'inutiles insultes. Officiellement, j'agirai
pour le docteur Livingstone, de la même manière que
pour tout autre sujet britannique; mais, comme
homme privé, je ne ferai jamais rien pour lui.

— Vous me parlez d'insultes, docteur?

— Oui.

— Puis-je vous demander en quoi elles consistent?

— Il me reproche de lui avoir envoyé des esclaves,
qui ne sont pas arrivés jusqu'à lui; si ses caravanes
n'ont pas su le rejoindre, est-ce ma faute?

— Excusez-moi, docteur; mais, à la place de Livingstone, vous auriez fait de même : votre meilleur ami aurait été soupçonné par vous d'indifférence, pour ne rien dire de plus, si tous les chefs des caravanes qu'il vous avait envoyés vous avaient dit avoir reçu l'ordre formel de ne vous suivre nulle part, et de vous ramener à la côte.

— Il a pu voir les contrats par lesquels ces gens étaient tenus de l'accompagner n'importe où. S'il aime mieux ajouter foi à ce que lui disent des nègres, des métis, qu'à mes paroles, à mes écrits officiels, c'est un insensé; je n'ai pas autre chose à répondre.

— Comment Livingstone, mon cher monsieur, n'aurait-il pas douté des contrats, lorsque tous ses hommes lui ont juré que vous leur aviez donné mission de le ramener; lorsque toutes ses prières n'ont servi de rien, et que finalement il a été arraché à ses découvertes par ceux qui disaient en avoir reçu l'ordre. Pouvait-il ne pas penser qu'il y avait là quelque chose d'inexplicable? On lui a dit partout que vous lui aviez écrit pour le faire revenir; que votre lettre lui commandait le retour; on le lui a répété mainte et mainte fois.

— Ma lettre valait la sienne. Je n'ai pas pu m'en empêcher [1].

1. Voir, au 1er chapitre de ce volume, la conversation qui a eu lieu à Zanzibar entre le consul Kirk et Stanley au sujet de Livingstone. Voici d'ailleurs une lettre écrite par Livingstone au même consul, le 30 octobre 1871, et que nous transcrivons ici :

LE DOCTEUR LIVINGSTONE AU DOCTEUR KIRK.

Djidji, 30 octobre 1871.

« Monsieur,

« J'ai écrit le 25 et le 28 deux lettres, en toute hâte, l'une

— Fort bien, dis-je; je ne laisserai pas la caravane
à Zanzibar; je l'expédierai moi-même. »

Le lendemain, je réunis tous ceux de la bande que
je pus trouver; et, comme il aurait été dangereux de

pour vous, la seconde pour lord Clarendon; elles sont parties
toutes les deux pour le Gnagnembé. Je venais d'arriver, complétement épuisé d'esprit et de corps, et j'avais découvert que
Chérif Baché, votre agent, avait troqué à son profit, pour des
esclaves et pour de l'ivoire, tous les objets dont vous l'aviez
chargé. Le Coran, qu'il avait consulté, lui avait dit que j'étais
mort. Il avait écrit au gouverneur du Gnagnembé, qu'ayant
appris mon décès par des esclaves qu'il avait envoyés dans le
Mégnéma, il demandait l'autorisation de vendre mes marchandises. Il savait pourtant que j'étais à Bambarré, près du lac,
où je l'attendais, lui et sa cargaison; des gens qui étaient
venus avec moi du Mégnéma le lui avaient annoncé. Il n'en
poursuivit pas moins son projet, et quand mes amis protestè-
rent contre la vente qu'il faisait de mon avoir, il répondit invariablement : « Vous ne savez pas ce qui en est; le Consul
« m'a ordonné de rester un mois à Djidji, ensuite de tout vendre
« et de revenir. » Quand j'arrivai, il me dit que c'était Ladha
qui lui avait donné cet ordre.

« J'ai su, par les esclaves banians que vous m'avez envoyés et
qui l'accompagnaient, que Ladha vous avait procuré ce Chérif
Baché sur la recommandation d'Ali ben Sélim ben Rachid,
personnage notoirement déshonnête.

« A peine Chérif eut-il obtenu le commandement, qu'il alla
trouver Mohammed Nassar; Mohammed lui remit vingt caisses
de savon et huit d'eau-de-vie, destinées à être vendues en
détail pendant le voyage.

« A Bagamoyo, Chérif reçut de deux Banians, dont j'ignore
le nom, une certaine quantité de poudre et d'opium. Chez ces
Banians, Chérif brisa les caisses de savon, et en plaça le contenu dans mes ballots.

« Les caisses d'eau-de-vie furent conservées intactes; et leur
transport, de même que celui de la poudre et de l'opium, fut
soldé avec mon étoffe.

« Non-seulement tous les frais occasionnés par la spéculation
des Banians furent à ma charge, mais, arrivé dans le Gna-

les laisser vaguer par la ville, je les enfermai dans une cour où ils restèrent jusqu'au moment où les cinquante-sept répondirent à l'appel.

Pendant ce temps-là, assisté de M. Webb, j'obtins

gnembé, Chérif envoya à ses complices cinq frasilahs (87 kilos et demi) d'ivoire, d'une valeur de soixante livres (1500 fr.), et ce fut toujours avec mon étoffe que furent payés les porteurs.

« Loin de se hâter de me venir en aide, Chérif mit quatorze mois à faire un trajet qui n'en demande que trois aux caravanes ordinaires. Si nous ôtons deux mois de maladie, il restera encore un an, dont les trois quarts ont été consacrés aux intérêts particuliers des Banians et de Chérif. Pendant ce temps-là, celui-ci faisait bombance à mes dépens, mangeant et buvant ce qu'il y avait de meilleur dans la contrée. Il se servit de ma tente jusqu'au jour où, pleine de trous, elle fut hors d'usage. Après avoir passé deux mois dans trois localités différentes, il atteignit le pays de Djidji et refusa d'aller plus loin.

« Ici il ne fit que boire, employant mes perles rouges en achat de pombé, de vin de palme et de banane, et restant dans l'ivresse jusqu'à trente jours de suite. Il dépensait par mois, pour lui-même, vingt-quatre mètres de mon calicot, huit pour chacun de ses deux esclaves, huit pour sa femme, huit pour Ahouatie, second chef de la bande ; et lorsqu'il m'envoya sept esclaves de Ladha à Bambarré, il ne m'alloua que deux frasilahs (35 kilos) de verroterie la plus commune, évidemment échangée contre mon beau samsam, quelques pièces de calicot, et, par grâce, moitié du café et du sucre. Les esclaves arrivèrent, mais sans la moindre charge.

« Enfin Chérif, comme il a été dit plus haut, vendit tout ce qui restait, excepté le sucre, le café, un ballot de verroterie de rebut et quatre pièces de cotonnade, qu'il consomma ; bref, de toute la cargaison, je n'ai vu ni un mètre d'étoffe, ni un rang de perles.

« Ahouatie, second chef de la bande, témoin de ce pillage, n'a pas ouvert la bouche, ni pour blâmer le voleur, ni pour le dénoncer à qui l'avait choisi. Il vous avait caché avec soin une infirmité qui l'empêchait de me rendre aucun service. Ce n'était pas une hydrocèle, mais un sarcocèle, dont il était affecté depuis longtemps. Dugambe, un de mes amis, lui offrit de le conduire auprès de moi par petites étapes ; mais il refusa, bien

de Johari, premier interprète du consulat américain,
qu'il se chargeât de conduire la caravane jusqu'à la
plaine du Kingani, toujours couverte par l'inondation; il s'engagea en outre à ne pas revenir avant que

que, de son propre aveu, la douleur dont il s'était plaint jusqu'alors eût cessé. Il n'en croyait pas moins qu'un salaire
lui était dû pour le temps qu'il avait passé à dévorer mon
bien.

« Dugambe offrit également de se charger d'un paquet de
lettres à mon adresse, qui avait été remis à Chérif depuis que
ce dernier était ici. Mais, au moment de partir, quand il ré-
clama les dépêches, rien ne lui fut donné. Il est probable que
le paquet avait été détruit, pour que la liste des objets que
vous m'aviez envoyés, par un nommé Hassan, ne me tombât
pas sous les yeux.

« Avec tous les égards dus à votre décision, je demande que
toutes les dépenses figurant à mon compte sur les livres de
Ladha soient mises à celui des Banians qui, par fraude, ont
converti une caravane destinée à me porter secours, en un
moyen de satisfaire leur âpreté au gain. Mohammed Nassar
peut dire les noms des autres complices de Chérif. C'est à eux
de payer les esclaves de Ladha et tous les frais de route, sauf
recours de leur part contre ledit Chérif.

« Je porte plainte du fait au gouvernement de Sa Majesté,
ainsi qu'à vous-même, et je crois que vous en recevrez main
forte, pour que justice me soit rendue, et pour que la punition
qu'ils méritent soit infligée aux Banians, à Chérif, à Ahouatie,
aux esclaves de Ladha, à tous ceux qui m'ont trompé, entravé
dans mes recherches, au lieu de remplir les engagements
qu'ils avaient contractés en votre présence.

« En confiant à Ladha le soin de former ma caravane, vous
semblez avoir ignoré que le gouvernement anglais défend à ses
agents d'employer des esclaves. L' consul britannique à
Loanda envoie à Sainte-Hélène chercher des serviteurs à peu
près stupides, plutôt que d'encourir le mécontentement du
Ministère des affaires étrangères en usant des esclaves portugais, qu'il a sous la main et qui sont d'une grande habileté.

« Dans les circonstances difficiles dont vous parlez, vu l'inva-
sion du choléra, et la perte des lettres où je recommandais vi-

la bande fût en marche de l'autre côté de la rivière; M. Oswald Livingstone reconnut cette promesse par une forte gratification.

La daou était devant le consulat; mes anciens com-

vement d'employer des hommes libres et non pas des esclaves, en l'absence des chèques qui se trouvaient dans le paquet perdu, peut-être ce qu'il y avait de plus simple était-il de recourir à Ladha; mais j'espère que vous ne me taxerez pas d'ingratitude si je vous dénonce le fait comme une grave méprise. Ladha est un homme poli; mais la traite des esclaves, comme les autres commerces de cette région, se fait presque tout entière avec les capitaux des Banians, sujets britanniques, qui palpent les profits, et laissent adroitement retomber sur les Arabes l'odieux de la vente des noirs. Ils nous détestent, nous autres Anglais, et se réjouissent de nos échecs plus que de nos réussites. Ladha vous a loué ses esclaves, et ceux d'autres Banians, à raison de 312 fr. par année, tandis que le gage ordinaire d'un homme libre est à peine de la moitié; pour toutes les sommes dont il a fait l'avance, il prendra un énorme intérêt, vingt-cinq ou trente pour cent; et, en supposant que Chérif ait menti en assurant que Ladha lui avait commandé de s'arrêter dans le pays de Djidji, d'y rester un mois, de vendre ensuite toute la cargaison et de retourner à Zanzibar, il est étrange, pour ne rien dire de plus, que tous les esclaves des Banians aient affirmé, non-seulement qu'ils ne devaient pas me suivre, mais qu'ils devaient me contraindre à revenir. Je n'avais aucune prise sur des gens qui savaient ne pas conserver leurs gages.

« Il est également très-remarquable que votre caravane ait été détournée de son but, presque à l'ombre du consulat, et que ni drogman ni fonctionnaires, placés sous vos ordres, ne vous en aient informé. La réputation d'Ali ben Sélim ben Raschid, et celle de Chérif, son compère, ne pouvait guère leur être inconnue. Pourquoi employer de pareilles gens, sans autres garanties?

« Votre très-dévoué,

« David LIVINGSTONE. »

« 16 novembre 1871.

« P. S. Je regrette d'être obligé de revenir sur cette affaire

pagnons allaient partir; je leur adressai les paroles
suivantes : « Vous retournez dans le Gnagnembé
pour rejoindre le Grand-Maître. Vous le connaissez ;
vous savez qu'il est bon, son cœur est affectueux. Il
ne vous battra pas, comme je l'ai fait. J'étais vif ;
mais je vous ai récompensés tous : je vous ai donné de
l'étoffe et de l'argent, jusqu'à vous enrichir. Toutes
les fois que vous vous êtes bien comportés, j'ai été
votre ami. Vous avez eu une nourriture abondante ;
je vous ai soignés quand vous étiez malades. Si j'ai

si désagréable ; mais je reçois des informations qui rendent la
chose doublement sérieuse. Une lettre de M. Churchill, datée
du mois de septembre 1870, m'annonce que le gouvernement de
Sa Majesté a généreusement donné mille livres (25000 fr.) pour
que les articles dont j'avais besoin me fussent envoyés. Divers
obstacles se sont opposés à l'expédition d'une valeur de cinq
cents livres (12500 fr ;) mais, au commencement de novembre,
toute difficulté avait disparu. Malheureusement, vous avez eu
de nouveau recours à des esclaves ; et l'un de ceux-ci m'apprend
qu'ils sont restés à Bagamoyo jusqu'à la fin de février 1871,
c'est-à-dire près de quatre mois. Au bout de ce temps, pendant
lequel personne ne les a surveillés, le bruit s'est répandu que
le Consul allait venir ; et ils sont partis la veille de votre arrivée,
dont l'objet n'était pas de les voir, mais de faire une excursion
qui n'avait rien d'officiel. Ces esclaves atteignirent le Gnagnembé au mois de mai ; la guerre qui éclata au mois de juillet
leur fournit une bonne excuse pour ne pas en sortir. Ils ont
donc passé une année tout entière à faire bombance sur les
cinq cents livres que le Gouvernement envoyait pour me secourir. Ainsi que l'individu qui voulait désespérer parce qu'il
avait brisé la photographie de sa femme, j'ai été sur le point
de perdre l'espoir d'accomplir la tâche qui me reste encore à
faire. J'ai besoin d'hommes, et non d'êtres serviles ; les hommes,
libres abondent à Zanzibar ; mais, si, au lieu de s'adresser à
quelque Arabe énergique, on s'en remet à Ladha, en le faisant
surveiller simplement par un interprète, ou par quelque autre,
je peux attendre vingt ans ce que vos esclaves dépenseront en
festins. »

été bon pour vous, le Grand-Maître le sera bien davantage. Il a la voix agréable et la parole douce.
L'avez-vous jamais vu lever la main contre un offen-
seur? Quand vous étiez méchants, c'était avec tristesse
qu'il vous parlait, non pas avec colère. Promettez-
moi donc de le suivre, de faire ce qu'il vous dira,
de lui obéir en toutes choses et de ne pas l'abandonner.

— Nous le promettons, maître; nous le promettons!
s'écrièrent-ils avec ferveur.

— Quelque chose encore : avant de nous séparer,
de nous quitter pour toujours, je voudrais vous serrer
la main. »

Tous se précipitèrent, et une poignée de main vi-
goureuse fut échangée avec chacun d'eux.

« Maintenant, prenez vos fardeaux. »

Je les conduisis dans la rue, puis au rivage. Je les
vis monter à bord; je vis hisser les voiles, et vis la
daou filer au couchant, vers Bagamoyo.

Je me trouvai alors comme isolé. Ces compagnons
de route, ces noirs amis qui avaient partagé mes périls,
s'éloignaient, me laissant derrière eux. De leurs figures
affectueuses, en reverrais-je jamais aucune[1]?

Le 29, MM. Henn, Charles New, Morgan, Oswald
Livingstone et moi, nous montions à bord de *l'Africa*,
où nous accompagnaient les vœux de presque toute la
colonie blanche de l'île.

Le 9 juin, nous arrivâmes aux Seychelles; il y avait

1. La réponse à cette question se trouve dans notre *introduction*. — J. B.

douze heures que la malle française en était partie. Comme il n'existe de communication que tous les mois entre les Seychelles et Aden, nous louâmes une jolie maisonnette qui fut nommée *Livingstone Cottage*, et où MM. Charles New, Morgan, Oswald et moi, nous nous établîmes; M. Henn resta à l'hôtel.

Arrivés à Aden, les passagers du *Sud* furent transbordés sur *le Mékong*, vapeur français, qui venait de Chine et se rendait à Marseille. Dans cette dernière ville, le docteur Hosmer et le représentant du *Daily Telegraph* me reçurent avec effusion. J'appris alors comment on qualifiait le résultat de mon voyage; mais ce ne fut qu'en arrivant à Londres que je pus m'en faire une juste idée.

J'avais promis à Livingstone que, vingt-quatre heures après avoir vu ses lettres au gérant du *Herald* reproduites par les journaux anglais, je mettrais à la poste celles qui étaient destinées à sa famille et à ses amis. Pour me dégager plus vite de ma promesse, M. Bennett, qui seul avait défrayé l'entreprise, mit le comble à sa générosité en donnant l'ordre de télégraphier les deux lettres par le câble, ce qui fut une dépense de près de cinquante mille francs.

On dit que, si les moulins des dieux broient lentement, c'est avec sûreté; de même la Société géographique de Londres a découvert avec lenteur et certitude que je n'étais pas un *charlatan*, et que j'avais réellement fait ce que j'avais dit. Elle m'a donné sa médaille, et tendu la main avec une chaleur, une générosité que je n'oublierai jamais. Je prie ses membres de croire que la reconnaissance qu'ils ont faite de mes humbles services, pour avoir été un peu tardive, ne m'en est pas moins précieuse.

Enfin je garderai précieusement la médaille que m'a offerte la Société royale de géographie, ainsi que la riche tabatière dont Sa Majesté la reine Victoria m'a honoré.

CHAPITRE X

Bien que, dans les chapitres précédents, nous ayons
décrit chaque jour le pays que nous traversions ; bien
que nous l'ayons montré sous ses différents aspects,
nous croyons devoir présenter dans un chapitre spé-

cial les conclusions que nous avons pu former et les
renseignements que nous avons pu réunir sur la géographie et sur l'ethnographie de la contrée.

Nous diviserons ce résumé en deux parties, ainsi
que l'a été notre voyage : d'abord, de l'Océan indien
à Couihara; puis, de là, au Tanguégnica.

Trois routes, conduisent de Bagamoyo à Couihara.
Deux d'entre elles avaient déjà été suivies et minu-
tieusement décrites par MM. Burton, Speke et Grant[1],
qui m'ont précédé dans cette partie de l'Afrique. Restait celle du nord, à la fois inconnue et plus directe;
c'est elle que nous avons prise. Elle nous a fait traverser la Mrima, qui finit à Kicoca en effleurant le
nord du Zaramo; puis le Couéré, de Roséco à Ki-
sémo; le Cami, le sud de l'Oudoé et du Ségouhha
jusqu'à la rive droite de la Macata; ensuite, le Sagara, le Gogo, le Mgounda-Mkhali ou Gnanzi et enfin
le Gnagnembé dans le Mouézi.

Le littoral a, pour le monde civilisé, une extrême
importance; les regards doivent s'y arrêter : c'est là
maintenant que s'agite la question de l'esclavage. Les
trois quarts des nègres achetés ou capturés dans l'in-

1. *Voyage aux Grands Lacs de l'Afrique orientale* par le
capitaine Burton, traduit par Mme H. Loreau ; Paris, librairie
Hachette, 1862; et *Les Sources du Nil, journal de voyage*, du
cap. J. Hanning Speke, cartes et gravures d'après les dessins
du cap. J. A. Grant ; traduit par E. D. Forgues ; Paris, librairie
Hachette, 1864. Voir aussi nos éditions populaires de ces deux
ouvrages : *Les Sources du Nil*, voyage des capitaines Speke et
Grant, par J. Belin-De Launay ; Paris, Hachette, 1867 ; et *Voyages du capitaine Burton à la Mecque, aux Grands Lacs d'Afrique et chez les Mormons*, par J. Belin-De Launay ; Paris, Hachette 1870. — J. B.

térieur y sont embarqués dans tous les ports, depuis
Quiloa jusqu'à Mombas. C'est à ne pas oublier.

La contrée occupée par le Couéré, le Cami, le sud
de l'Oudoé et du Segouhha, et le nord du Rougourou, est drainée par l'Ougérengéri, principal tributaire septentrional du Kingani. La Mgéta, sa branche
méridionale, que Speke, Grant et Burton ont vue sortir de la partie occidentale de la chaîne du Mkambacou et décrire une courbe au sud, draine le sud du
Rougourou, le Khoutou et le Zaramo. Conséquemment le Kingani est formé par la réunion de l'Ougérengéri et de la Mgéta, issus tous deux du versant
occidental du Mkambacou, et son bassin peut avoir
une vingtaine de mille de kilomètres carrés.

Sur la carte de Speke, on trouve, près du trente-cin-
quième degré de longitude[1], une chaîne de montagnes
qui, après s'être dirigée au nord-nord-ouest, s'infléchit et court au nord-est jusqu'au delà du Pangani.
C'est le Mkambacou, dont l'extrémité nord-ouest
prend, du pays qu'elle traverse, le nom de monts du
Rougourou : c'est à ses pieds, à l'endroit où la chaîne
s'infléchit, qu'est située Simbamouenni, capitale du
Ségouhha.

J'ai passé beaucoup de temps à étudier la ligne de
faîte qui sépare le Kingani du Vouami; et, si j'affirme
qu'entre les deux bassins la démarcation existe, c'est
que pour moi elle est claire et positive. Les Arabes,
les habitants de la Mrima et les indigènes sont égale-

---

1. La longitude employée par Stanley et par le voyageur anglais est celle de Greenwich. Elle est rapportée dans tous nos
abrégés à celle du méridien de Paris. — J. B.

ment d'avis que ces deux rivières n'ont entre elles aucun rapport. Le Kingani tombe dans la mer à cinq kilomètres au nord-ouest de Bagamoyo, et le Vouami entre Vouindé et Saadani, à peu près à égale distance des deux villages.

Le dernier de ces cours d'eau porte successivement, en partant de la côte à la source, les noms de Vouami, de Roudéhoua, de Macata et de Moucondocoua [1]. Sous les trois premiers, il arrose l'Oudoé et le Ségouhha; sous le quatrième, le Sagara.

Quant au lac du Gombo, malgré son peu d'étendue, il joue un certain rôle dans ce système fluvial. Il a cinq kilomètres de long à peu près, reçoit la Roumocoua et se décharge par une étroite ouverture dans la Moucondocoua. Celle-ci ne prend nullement naissance, comme l'a dit Burton, dans les hautes terres des Houmbas ou Massaï; mais à moins de cent kilomètres et au nord du lac du Gombo.

Les terres stériles situées à l'O. des monts Roubého et Bambourou, recevant fort peu de pluie, sont drainées par des *noullâs*, qui perdent généralement les eaux qu'ils reçoivent. Elles forment la partie septentrionale du Marenga Mkhali et du Gogo, et le midi du pays des Houmbas ou Massaï, que n'arrose pas une seule rivière. Les eaux s'y réunissent dans les *noullâs* dont nous venons de parler ou dans des étangs peu profonds.

Au delà du territoire de Gogo, les seuls cours d'eau

---

1. Il ne manque pas, ailleurs qu'en Afrique, d'exemples de fleuves qui s'appellent différemment selon les parties de leur cours. Voir l'*introduction*. — J. B.

qui méritent d'être cités sont le Mdabourou et le Maboungourou, dont le chenal se dirige au midi, et rejoint le Kisigo à une centaine de kilomètres au sud de Kihouyê. Pendant la saison sèche, à l'endroit où nous l'avons passé, le Maboungourou n'a plus d'eau qu'au fond de grandes auges, abritées par la végétation qu'elles entretiennent.

Le Kisigo va tomber dans le Loufidji; c'est, dit-on, une rivière importante. D'après les gens de Kihouyê, auxquels nous devons ces renseignements, le Kisigo est rapide et fréquenté par un grand nombre d'hippopotames et de crocodiles.

En somme, la route que nous avons suivie pour aller de Bagamoyo à Couihara traverse : 1° le bassin du Kingani; 2° celui du Vouami; 3° la ligne de partage du versant de l'Océan et de celui du Tanguégnica; 4° sur ce faîte, la région aride dont une portion forme l'extrémité septentrionale du bassin du Loufidji.

Le Vouami serait navigable pour des bateaux à vapeur ne tirant pas plus de soixante à quatre-vingt-dix centimètres d'eau, et se remonterait aisément jusqu'à Mboumi, sur une longueur de trois cent vingt-cinq kilomètres. Les obstacles qu'il opposerait à la navigation, tels que les manguiers, dont les branches, largement étendues, s'enlacent en différents endroits, surtout près de la résidence de Kigongo, seraient détruits sans beaucoup de peine.

Or, le village de Mboumi est à moins de trois kilomètres du pied de la chaîne du Sagara, qui est l'endroit le plus sain de cette région; et, avec un bateau à vapeur, on y parviendrait de l'Océan en quatre jours.

Désire-t-on que l'Afrique se civilise? Veut-on mettre le commerce en relations directes avec toutes ces fertiles régions? Veut-on se procurer facilement l'ivoire, le sucre, le coton, l'orseille, l'indigo, les céréales de ces provinces? Le Vouami peut en donner le moyen.

Quatre jours de navigation conduiraient le missionnaire dans un pays salubre, où il jouirait des biens de la vie en pleine sécurité, au milieu d'une population douce, et entouré des scènes les plus pittoresques, les plus poétiques. Excepté les plaisirs de la vie civilisée, rien de ce que peut désirer l'homme ne manque en cet endroit, et le missionnaire y trouverait, avec la santé et l'abondance, un peuple tout disposé à le bien recevoir.

Si le Vouami est une rivière intéressante, le Loufidji ou Rouhoua est encore plus important. Il verse à la mer deux fois autant d'eau et son cours a beaucoup plus de longueur. C'est près de montagnes qu'on dit être à deux cents kilomètres dans le sud-ouest du Mgounda Mkali qu'il est censé prendre sa source. Il reçoit le Kisigo, son principal tributaire, et le plus septentrional de ses affluents; il le reçoit, disons-nous, par moins de trente-trois degrés de longitude, à quatre degrés de son embouchure, ce qui forme, en ligne droite, près de trois cent quatre-vingts kilomètres. Rien que ce fait lui donne un rang élevé parmi les rivières de l'Afrique centrale. Cependant, on sait fort peu de chose à l'égard du Loufidji : tout ce que nous en pouvons dire, c'est qu'il est remonté par de petits

bateaux jusqu'à huit marches de la côte (une centaine
de kilomètres), distance à laquelle s'arrêtent les Banians qui vont acheter l'ivoire chez les tribus rive-
raines.

Les trois fleuves que reçoit l'Océan Indien, dans la
partie de côte qui s'appelle la Mrima, sont donc le
Vouami, le Kingani et le Loufidji. Leurs bassins forment la partie du versant océanique dans cette région
de l'Afrique. Ils arrosent un pays aussi beau que fertile; mais exposé tout le premier aux brigandages des
traitants, qui y font à coups de fusil une chasse active,
aux femmes pour les harems, aux hommes pour l'esclavage. Déjà ils ont détruit les tribus de l'Oudoé, ou
ils ont suscité les Ségouhhans contre elles.

Il y a trente années peut-être, ces tribus touchaient
au Sagara. Mais les marchands d'esclaves, portant la
ruiné avec eux, livrèrent cette belle race à des bandes
composées de fugitifs de la Mrima, d'esclaves marrons, de criminels échappés aux lois de Zanzibar, de
voleurs d'enfants, de détrousseurs de caravanes, dont
les bois de cette région étaient infestés [1].

Les bandits, organisés par les traitants, fournirent
bientôt à ceux-ci des esclaves, pris dans les districts
les moins populeux de l'Oudoé. La vente de ces cap-
tifs, d'une beauté de forme et d'une intelligence re-

---

1. Outre que je pense que la chasse à l'esclave existe en ces
régions depuis la plus lointaine antiquité, je trouve, dans les
dépositions de Burton, qui en fait des anthropophages (*Voyage
aux Grands Lacs*, pages 112 et s. de l'éd. compl.), des motifs pour
croire que les populations de l'Oudoé ne méritent pas tout l'intérêt que leur porte Stanley. — J. B.

marquables, fut à la fois rapide et fructueuse, et les razzias se multiplièrent d'autant plus.

Parmi les chefs de ces expéditions, était Kisabengo, dont nous avons raconté l'histoire, et qui, au trafic des habitants, joignant la conquête du sol, étendit le Ségouhha jusque dans la vallée où il fonda Simba-mouenni. A l'époque de cette fondation, il ne restait plus qu'un petit nombre des hommes de l'Oudoé : presque tous avaient été arrachés de leur demeure.

Autrefois, dans ce pays, la guerre n'était causée que par les disputes des chefs; elle est maintenant fomen-tée par les traitants de la Mrima, qui en ont besoin pour approvisionner d'esclaves le marché de Zanzi-bar.

L'escadre qui est en croisière dans ces parages a le pouvoir d'arrêter l'infâme négoce, au moins du côté des Ségouhhans. Ne peut-elle pas détacher un bateau à vapeur avec cinquante hommes, qui remonteront le Vouami jusqu'au village de Kigongo? Là, on n'est plus qu'à trente-trois kilomètres de Simbamouenni : huit ou neuf heures de marche. Parti le soir, le corps d'armée attaquerait la ville au point du jour; et, y mettant le feu, détruirait le pivot de la traite de l'homme dans cette partie de l'Afrique [1].

Les habitants des montagnes du Sagara n'ont guère plus à se louer des Zanzibarites, des traitants de la Mrima, des Ségouhhans, que de leurs voisins septen-trionaux, les belliqueux Houmbas ou Massaï; aussi

---

[1]. Nous avons vu (p. 210) qu'une inondation avait réussi à détruire assez efficacement, pour l'instant, ce nid de brigands. — J. B.

sont-ils violents dans leurs territoires du nord et de l'est; ils le sont moins dans ceux du sud; et, dès qu'on a réussi à les rassurer, ils se montrent pleins de franchise et d'amabilité.

C'est vers Mpouapoua qu'ils se montrent avec les marques caractéristiques de leurs tribus. Là leurs cheveux sont divisés en petites mèches longues et bouclées, ornées de petites pendeloques de cuivre et de laiton, de balles, de rangs de perles minuscules et de picés brillants, menue monnaie de Zanzibar valant un peu moins de cinq centimes. Un jeune Sagarien, fardé d'une légère teinte d'ocre rouge, ayant sur le front une rangée de quatre ou cinq piécettes de cuivre, à chaque oreille une petite gourde, passée dans le lobe distendu ; coiffé de mille tire-bouchons bien graissés et pailletés de cuivre jaune, la tête rejetée en arrière, la poitrine large et portée en avant, des bras musculeux, des jambes bien proportionnées, représente le beau idéal de l'Africain dans ces parages. Outre les deux petites gourdes qu'il a aux oreilles, et qui renferment sa menue provision de tabac et de chaux, — celle-ci obtenue par la cuisson de coquilles terrestres, — notre élégant porte une quantité de joyaux primitifs qui lui pendent sur la poitrine ou qui lui entourent le cou; par exemple, de petits morceaux de bois sculptés, deux ou trois cauris d'un blanc de neige, une petite corne de chèvre, ou quelque médecine (lisez talisman) consacrée par le sorcier de la tribu, une dizaine de rangs de perles rouges ou blanches, un collier de picés ou deux ou trois soungomazzi, grains de verre de la taille d'un œil de pigeon, et quelquefois une chaîne en fil de cuivre, pareille aux chaînes de montre à bas prix, qu'il reçoit des Arabes en payement de ses poulets et de ses chèvres, ou qu'il a fabriquée lui-même.

Quant à l'habitant du Gogo, il nous attire, bien qu'il soit violent jusqu'à la férocité et capable de tout quand la passion l'emporte.

Avec son aspect menaçant, sa nature exubérante, fière, hautaine, querelleuse, ce brutal devient un enfant pour l'homme qui cherche à le comprendre et qui l'étudie sans le blesser. Il est d'un amusement facile; tout l'intéresse; sa curiosité s'éveille promptement; et nous le répétons, avec la conscience de sa force et de la faiblesse de l'étranger, il a assez de raison pour dominer sa convoitise, pour comprendre que toute violence à l'égard d'un voyageur détournerait les caravanes, priverait ses chefs d'une partie de leurs revenus et le pays de ses bénéfices.

Du Gogo l'on passe dans le Gnanzi. Avant que des émigrés du Kimbou vinssent s'y établir, c'était un désert où l'on souffrait tellement de la chaleur et de la soif, que les porteurs l'appelèrent Mgounda Mkali, ce qui veut dire Plaine embrasée. L'eau y était rare et les tirikézas nombreuses.

Maintenant, dans cette *terre brûlante*, au moins sur la route du nord, celle qui passe par Mouniéca, l'eau ne manque plus, les villages sont fréquents, et le voyageur s'aperçoit que le Mgounda Mkali n'a plus un nom qui lui convienne.

Nous voici arrivés au commencement du versant

du lac Tanguégnica dans ce qu'on a nommé l'*Ou-
nyamouégi.*

Qu'on me permette de différer d'opinion avec les
écrivains qui ont traduit le nom de cette contrée par
celui de *Terre de la Lune.* MM. Krapf et Rebman,
qui ont eu la gloire de rappeler l'attention des géographes sur cette partie du centre de l'Afrique, admettent
cette version, d'après la règle que tout le monde connaît : *Ou* signifiant toujours *pays, nya* étant la préposition *de,* et *mouégi* désignant *la lune.* Le capitaine
Burton, linguiste érudit, semble incliner vers cette
interprétation ; le capitaine Speke l'adopte sans hésiter. Ils ont, ce me semble, expliqué un mot de la
langue parlée dans le bassin du Tanguégnica par
celle qu'on emploie sur le bord de l'Océan indien.

Autant que j'ai pu le savoir par les indigènes et par
les Arabes les plus instruits de la chronique locale,
le pays s'appelait autrefois *Oukalaganza.* Il eut pour
monarque un prince du nom de Mouézi, qui fut le
plus grand de tous ceux qui l'ont gouverné et de tous
les chefs qui, à la même époque, régnaient sur les
peuplades voisines. Pas un de ses ennemis qui pût lui
résister à la guerre, pas un roi qui eût jamais eu autant de sagesse. Quand il mourut, l'empire, dont il
était l'unique souverain, s'étendait depuis le Gnanzi
jusqu'au Vinza. Ses fils se disputèrent le pouvoir, et
chacun d'eux, arrachant un lambeau du royaume
s'en fit un domaine qui, avec le temps, prit le nom de
son nouveau chef.

Toutefois, la partie centrale de l'empire de Mouézi,
plus considérable que les districts perdus, resta aux

mains de l'héritier légitime; ceux qui l'habitaient furent alors désignés sous le nom d'*Enfants de Mouézi*, et leur province fut appelée Ounyamouézi, de même que les territoires détachés se nommaient Pays de Konongo, de Sagazi, de Simbiri, etc.

A l'appui de cette tradition, que m'a racontée le vieux chef de Masangi, qui demeure sur la route de Mfouto, je rappellerai que le souverain actuel du Roundi porte le nom de Mouézi, et qu'en Afrique, du moins dans toute la région qui nous occupe, la majeure partie des villages sont désignés par les noms de leurs chefs.

Quoi qu'il en soit, le pays actuel de Mouézi se divise en un certain nombre de districts, dont le plus important est le Gnagnembé, autant par sa position centrale que par le chiffre de ses habitants.

Généralement parlant, le Mouézi peut être considéré comme la plus belle province de la région où il se trouve : c'est un grand plateau ondulé, qui s'incline en pente douce vers la Tanguégnica, où s'égoutte son territoire.

On n'y trouve que deux cours d'eau qui méritent le nom de rivière; ce sont les deux Gombés, celui du nord et celui du sud. Le premier, sous le nom de Couihala, prend sa source au midi de Roubouga, et, après avoir décrit une courbe au nord-ouest, entre dans le Gombé au nord de Tabora [1]. C'est déjà en

1. Nous avons traduit littéralement ce passage, pour lequel nous avons été peu aidée par la carte. Suivant la fin même de cette dernière phrase, le Kouala, ou Vouallah, ne serait pas le Gombé, mais l'un de ses affluents, puisqu'il y entre à peu de

cet endroit un cours d'eau d'une certaine importance.
Vers la fin de la saison pluvieuse, un homme qui aurait de légers bateaux, pourrait s'embarquer avec tout
son monde, à douze ou quinze kilomètres de Tabora,
et gagner rapidement le Tanguégnica, pourvu toutefois que les riverains n'y missent pas obstacle. Une
expédition, convenablement équipée sous ce rapport,
ferait merveille en utilisant cette voie.

Le Ngouahalâ, connu pour prendre naissance au
nord de Cousouri, est franchi à plusieurs reprises par
la route du Gnagnembé, ainsi qu'on peut le voir en
se dirigeant vers Toura [1]. A quelques kilomètres de
Madédita, du côté du levant, il tourne franchement au
sud-ouest, traverse le Ngourou, passe à Magnéra, où
nous l'avons retrouvé sous le nom de Gombé Méridional, simple noullâ, dont les eaux n'ont de courant que pendant la force de la saison pluvieuse. De
Magnéra, il coule dans la direction de l'ouest-nord-
ouest; et, avant de s'unir au Malagarazi, il reçoit la
Mréra et le Mtambou, qui, après avoir arrosé la base
des monts Rousahoua, prennent au nord-est pour le
rejoindre, en glissant dans les parcs du Vinza.

distance de Tabora. Peut-être la branche qui vient du nord, et
qui, d'après Burton, descend des montagnes de l'Ouroundi, ne
prend-elle le nom de Gombé qu'après sa jonction avec le Kouala.
Burton ne parle que d'une seule rivière de ce nom, soit qu'il
ait confondu les deux noullahs, tous deux affluents du Malagarazi,
soit qu'il ait ignoré celui du sud. — H. L.

1. D'après la carte, il semblerait que ce n'est pas le Ngouahalah
qui est traversé à plusieurs reprises, mais que ce sont diverses
branches, dont la réunion constitue ce noullah, qui, lui-même,
se joint à une autre source venue du Roubouga, et avec laquelle
il forme le Gombé méridional. —H. L.

La portion nord-est du Conongo n'est que le prolongement des plaines charmantes et boisées du Mouézi; mais, en approchant du Caouendi, on voit surgir des masses énormes, qui envoient leurs eaux dans la Mréra.

Le Caouendi, pays accidenté, ayant de belles forêts, une faune et une flore abondantes, est, malgré la fertilité d'un sol qu'arrosent des myriades de ruisseaux, presque un désert.

Le Vinza se divise naturellement en deux parties : la méridionale est tourmentée, montueuse, déchirée de profonds ravins et coupée en tout sens par de brunes lignes de rochers nus. L'autre, située au nord du Malagarazi, forme, autant que nous avons pu le voir, une longue bande de terre plate, où le sol est pauvre et ne nourrit qu'une jungle clair-semée d'arbustes épineux, de gommiers, de tamariniers et de mimosas.

Le fleuve Malagarazi, dans sa partie supérieure, s'appelle Gombé septentrional; je crois qu'il serait navigable depuis l'embouchure jusqu'à Ouillancourou; il l'est, en tout cas, durant la saison pluvieuse.

Le Vinza touche vers le nord à l'Ouhha, dont les plaines découvertes nourrissent de grands troupeaux de moutons à large queue, et des bêtes bovines de la race qui a une bosse sur les épaules. Les chèvres y sont très-belles. Le sol y est fertile, et produit de belles récoltes de sorgho et de maïs. Le climat y est bon, et la chaleur modérée.

Les petits lacs, ou pour mieux dire les grands étangs de l'Ouhha, sont l'un des traits les plus frap-

pants de la contrée. Ces étangs occupent de larges
bassins de forme circulaire, et d'une faible profondeur. Il est évident qu'à une époque indéterminée,
mais dont les traces sont nombreuses, une grande
partie de l'Ouhha était couverte d'eau, et que la vallée du Malagarazi formait un bras du Tanguégnica.
Un géologue trouverait dans cette région des sujets
d'étude d'un immense intérêt.

Prenant à l'ouest, et franchissant la petite rivière
du Sounazzi, nous arrivons dans le Caranga, dont la
nature est des plus diversifiées. Au nord, sur la frontière de l'Ouhha, le pays est montagneux; dans le
midi, c'est une pente unie et longuement inclinée,
couverte de teks de belle venue; au centre, ce sont
des collines, des ondulations dont les eaux rapides
s'écoulent en ruisseaux transparents. Le sol est fertile;
la contrée, délicieuse.

De ces hauteurs, on descend dans la vallée du
Liouké, qui appartient au pays de Djidji, district
d'une fertilité sans égale et qui doit être désormais
considéré respectueusement, car « l'endroit qu'un
homme de bien a foulé de ses pas reste à jamais consacré. »

La nature a d'ailleurs accordé toutes ses faveurs à
cet endroit devenu classique. Il n'est pas d'homme, si
prosaïque qu'on le suppose, qui, au coucher du soleil, puisse contempler le tableau qu'offre à ses regards
le pays de Djidji sans être remué jusqu'aux moelles.
Les couleurs éthérées dont le ciel resplendit, le rose,
l'azur, le safrané et le violet, vont et viennent avec
une rapidité magique; de larges bandes, des lignes

ténues; les cirrhus, les cumulus, sont transformés en or bruni et flamboyant. Leur éclat se réfléchit sur la muraille gigantesque d'un noir-bleu qui, à l'occident, borne le Tanguégnica; il révèle ces montagnes, dont le sombre voile cachait les merveilles; répand sur elles des teintes du rose le plus doux et les inonde d'un flot de lumière argentée.

De toutes les peuplades de la région que nous venons de décrire, la plus remarquable est celle des Mouéziens. Le type du Mouézien est un homme de grande taille, qui a la peau noire, les jambes longues, et une figure de bonne humeur, où s'épanouit un large sourire. Il porte, au milieu des incisives de la mâchoire supérieure, un petit trou qu'on lui a fait dans son enfance pour indiquer sa tribu. Ses cheveux, divisés en tire-bouchons, lui tombent sur le cou. Sa nudité presque entière, montre des formes qui serviraient de modèle pour un Apollon noir.

Il est né commerçant et voyageur; c'est le Yankee [1] de l'Afrique.

Sa tribu a le monopole du transport des marchandises; et cela depuis les temps les plus reculés. C'est le cheval, le mulet, le chameau, la bête de somme que recherchent avidement tous ceux qui veulent passer de la Mrima dans les régions du centre. Les Arabes ne vont nulle part sans lui; et, sans lui, l'explorateur de race blanche ne pourrait pas voyager.

En caravane, il est docile et poltron ou fanfaron; chez lui, d'humeur joyeuse, trafiquant pour son

---

1. Surnom de l'Américain des États-Unis, dont la maxime est « va de l'avant. » — J. B.

compte, plein de finesse et d'habileté; aventurier, audacieux et sans scrupules, il devient alors le bandit
de Mirambo. Dans le Conongo et dans le Caouendi, il
est chasseur; dans le Soucouma, pasteur, et de plus,
fondeur, forgeron et armurier; dans le Londa, énergique chercheur d'ivoire; sur la côte, frappé d'étonnement et de respect. Malheureusement cette race
diminue, ou bien elle émigre. Il y a d'ailleurs trop de
causes pour en expliquer l'amoindrissement : d'une
part, l'état de guerre permanent qu'entretiennent les
rivalités des Arabes et des chefs; de l'autre, les fatigues, les misères du voyage. Sur dix crânes que l'on
rencontre dans le sentier des caravanes, huit au moins
appartiennent à des hommes du Mouézi. Enfin, l'esclavage, avec ses horreurs, ajoute à leur extermination
ou les démoralise.

Les habitants du Conongo et du Caouendi me paraissent être de la même race que ceux du Mouézi :
leurs manières et leurs coutumes sont identiques, et
ils parlent la même langue.

Mais, dès qu'on a passé le Malagarazi, on trouve
dans le Vinza une peuplade différente, et dont les
mœurs et les usages sont ceux des habitants du pays
de Djidji et des hommes qui bordent au nord le littoral de Tanguégnica.

Ce n'est enfin que sur la côte occidentale de ce lac
qu'on trouve des cannibales.

Nous finirons après avoir donné ces explications
destinées à faire mieux comprendre la carte dont notre
volume est accompagné. Elles auraient pu contenir
plus de détails; mais elles suffisent à faire connaître

la distribution géographique et ethnographique des
régions que nous avons parcourues, ainsi que la nécessité d'y substituer le commerce des denrées et des pro-
duits, naturels ou fabriqués, à celui des esclaves; l'instruction à l'ignorance, la civilisation à la barbarie.
Un tel but légitime tous les frais d'argent, d'hommes
et de souffrances que peuvent coûter les voyages, les
missions, les colonisations et les entreprises du commerce et de l'industrie.

FIN

CARTE DU VOYAGE DE STANLEY DEPUIS ZANZIBAR JUSQU'AU LAC TANGUÉGNICA

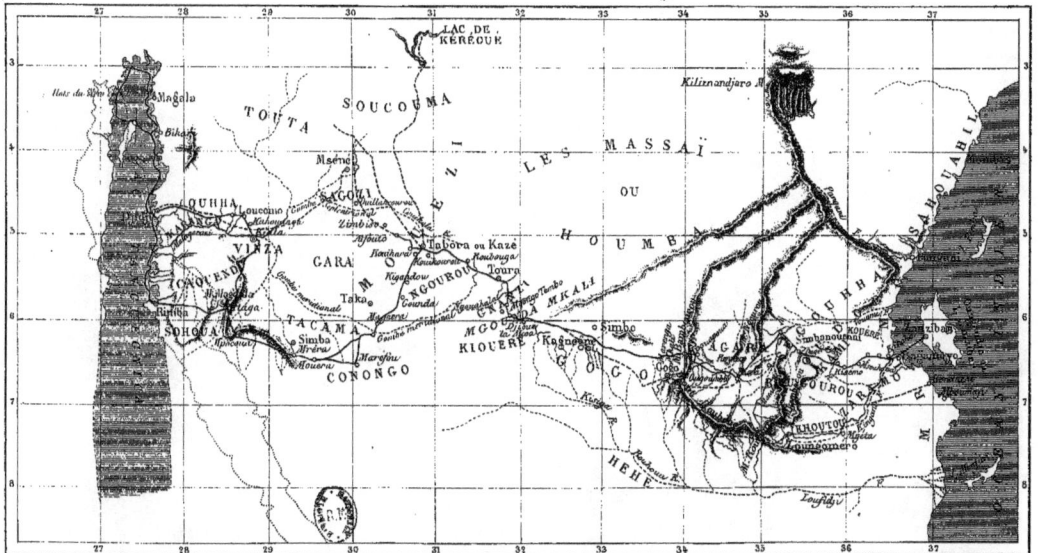

Carte dressée par J.Bolin _ De Launay.

Longitude à l'Est du méridien de Paris.

.... Esquisse du Tanguégnica, tel qu'il est figuré dans le dernier journal de Livingstone.

TABLE DES MATIÈRES

Coulommiers. — Typ. ALBERT PONSOT et P. BRODARD.

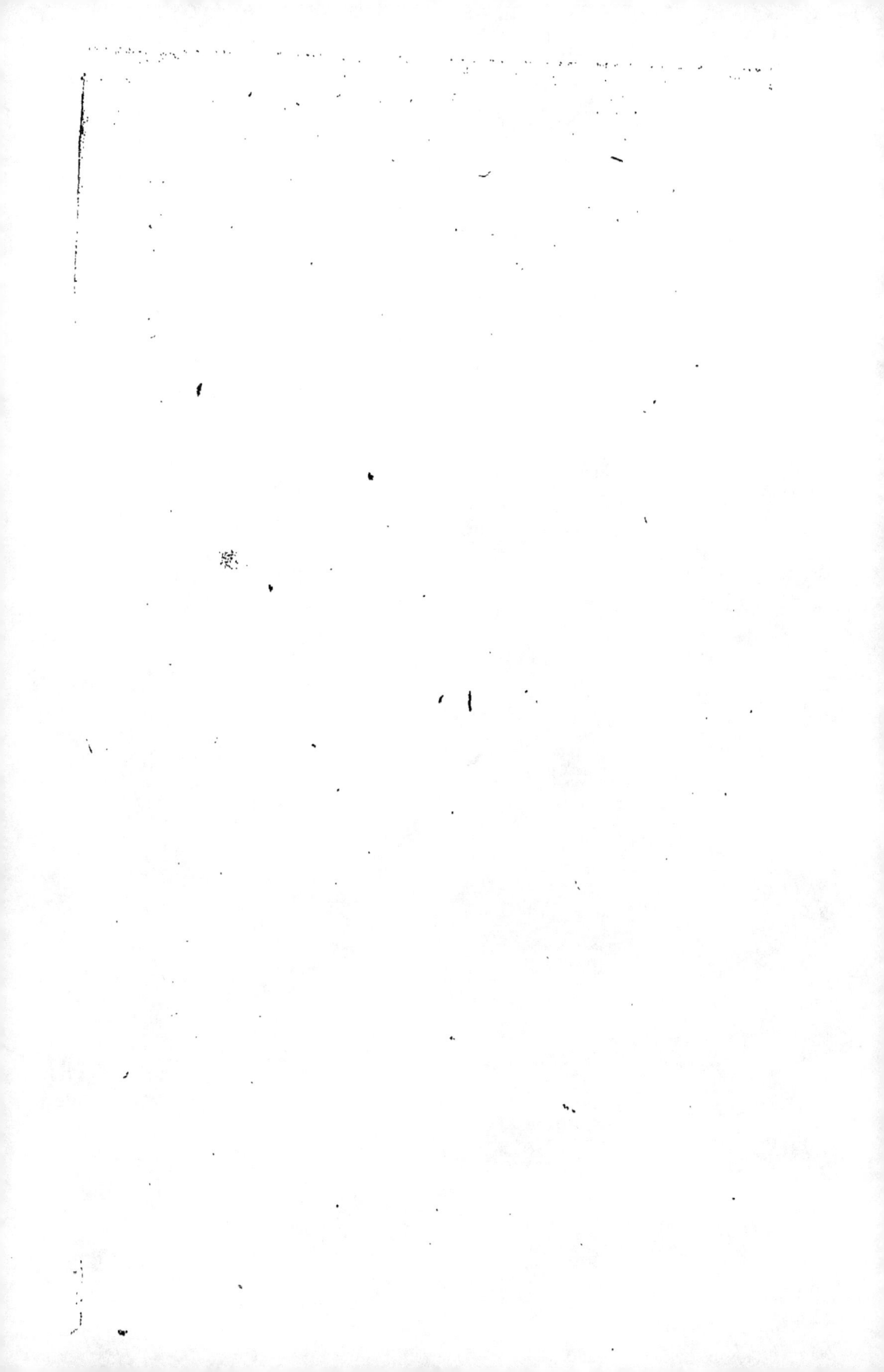

www.ingramcontent.com/pod-product-compliance
Lightning Source LLC
Chambersburg PA
CBHW070247200326
41518CB00010B/1715